中文版
Photoshop
基础培训教程

数字艺术教育研究室◎编著

U0311257

人民邮电出版社
北 京

图书在版编目（CIP）数据

中文版Photoshop基础培训教程 / 数字艺术教育研究
室编著. -- 北京：人民邮电出版社，2015.1（2017.12重印）
ISBN 978-7-115-37309-0

Ⅰ．①中… Ⅱ．①数… Ⅲ．①图象处理软件－技术培
训－教材 Ⅳ．①TP391.41

中国版本图书馆CIP数据核字(2014)第258370号

内 容 提 要

本书全面系统地介绍了Photoshop CC的基本操作方法和图形图像处理技巧，包括图像处理基础知识、初识Photoshop CC、绘制和编辑选区、绘制图像、修饰图像、编辑图像、绘制图形及路径、调整图像的色彩和色调、图层的应用、应用文字与蒙版、使用通道与滤镜和商业案例实训等内容。

本书内容均以课堂案例为主线，通过对各案例的实际操作，学生可以快速上手，熟悉软件功能和艺术设计思路。书中的软件功能解析部分能够使学生深入学习软件功能。课堂练习和课后习题，可以拓展学生的实际应用能力，提高学生的软件使用技巧。商业案例实训，可以帮助学生快速地掌握商业图形图像的设计理念和设计元素，顺利达到实战水平。

本书适合作为院校和培训机构艺术专业课程的教材，也可作为Photoshop CC自学人员的参考用书。

◆ 编　　著　数字艺术教育研究室
　　责任编辑　杨　璐
　　责任印制　程彦红

◆ 人民邮电出版社出版发行　　北京市丰台区成寿寺路 11 号
　　邮编　100164　电子邮件　315@ptpress.com.cn
　　网址　http://www.ptpress.com.cn
　　北京市艺辉印刷有限公司印刷

◆ 开本：787×1092　1/16
　　印张：20
　　字数：575 千字　　　　　　　　　2015 年 1 月第 1 版
　　印数：10 001 – 11 000册　　　　　2017 年 12 月北京第12次印刷

定价：35.00 元（附光盘）

读者服务热线：(010)81055410　印装质量热线：(010)81055316
反盗版热线：(010)81055315

前　言

  Photoshop CC 是由 Adobe 公司开发的图形图像处理和编辑软件。它功能强大、易学易用，深受图形图像处理爱好者和平面设计人员的喜爱，Photoshop 已经成为这一领域最流行的软件之一。目前，我国很多院校和培训机构的艺术专业，都将 Photoshop 作为一门重要的专业课程。为了帮助院校和培训机构的教师能够全面、系统地讲授这门课程，使学生能够熟练地使用 Photoshop CC 来进行设计创意，数字艺术培训研究室组织院校从事 Photoshop 教学的教师和专业平面设计公司经验丰富的设计师共同编写了本书。

  我们对本书的编写体系做了精心设计，按照"课堂案例 – 软件功能解析 – 课堂练习 – 课后习题"这一思路进行编排，力求通过课堂案例的演练使学生能够快速地熟悉软件功能和艺术设计思路；力求通过软件功能解析使学生深入地学习软件功能和制作特色；力求通过课堂练习和课后习题，拓展学生的实际应用能力。在内容编写方面，我们力求通俗易懂，细致全面；在文字叙述方面，我们注意言简意赅、重点突出；在案例选取方面，我们强调案例的针对性和实用性。

  本书的配套光盘中包含了书中所有案例的素材及效果文件。另外，如果您是老师，购买本书作为授课教材，请联系我们（QQ：2291089868），我们将为您提供教学大纲、备课教案、教学 PPT，以及课堂实战演练和课后综合演练操作答案等相关教学资源包。本书的参考学时为 69 学时，其中实践环节为 29 学时，各章的参考学时参见下面的学时分配表。

章　序	课 程 内 容	学 时 分 配	
		讲　授	实　训
第 1 章	图像处理基础知识	1	
第 2 章	初识 Photoshop CC	1	
第 3 章	绘制和编辑选区	3	2
第 4 章	绘制图像	3	2
第 5 章	修饰图像	3	2
第 6 章	编辑图像	3	2
第 7 章	绘制图形及路径	4	3
第 8 章	调整图像的色彩和色调	4	3
第 9 章	图层的应用	4	3
第 10 章	应用文字与蒙版	4	3
第 11 章	使用通道与滤镜	3	2
第 12 章	商业案例实训	7	7
课 时 总 计		40	29

  由于时间仓促，编者水平有限，书中难免存在疏漏和不妥之处，敬请广大读者批评指正。

编　者
2014 年 11 月

Photoshop 教学辅助资源及配套教辅

素材类型	名称或数量	素材类型	名称或数量
教学大纲	1 套	课堂实例	42 个
电子教案	12 单元	课后实例	46 个
PPT 课件	12 个	课后答案	46 个
第 3 章 绘制和编辑选区	制作圣诞贺卡	第 10 章 应用文字与蒙版	制作蒙版效果
	制作婚纱照片模板		添加异型边框
	制作保龄球		制作儿童摄影宣传单
	制作温馨时刻	第 11 章 使用通道与滤镜	使用通道更换照片背景
第 4 章 绘制图像	绘制风景插画		制作老照片效果
	制作水果油画		制作褶皱特效
	制作彩虹		制作彩色铅笔效果
	制作卡片背景		制作油彩画效果
	制作油画效果		制作冰冻效果
	制作电视机	第 12 章 商业案例实训	制作婚庆请柬
第 5 章 修饰图像	去除眼袋皱纹		制作西餐厅代金券
	修复人物照片		制作美容宣传卡
	制作装饰画		制作圣诞贺卡
	制作文字变形效果		制作个性请柬
	清除照片中的涂鸦		幸福相伴照片模板
	花中梦精灵		幸福童年照片模板
第 6 章 编辑图像	为心爱的照片添加注释		阳光女孩照片模板
	制作音量调节器		写意人生照片模板
	制作产品手提袋		个人写真照片模板
	制作证件照		制作餐饮宣传单
	制作美食书籍		制作水果店宣传单
第 7 章 绘制图形及路径	制作艺术插画		制作寿司宣传单
	制作美食宣传卡		制作平板电脑宣传单
	制作音乐海报		制作空调宣传单
	制作滑板运动插画		制作牙膏广告
	制作摄影海报		制作房地产广告
第 8 章 调整图像的色彩和 色调	修正偏色的照片		制作笔记本电脑广告
	制作梦幻照片效果		制作化妆品广告
	制作怀旧照片		制作汽车广告
	调整照片的色彩与明度		儿童教育书籍设计
	制作特殊色彩的风景画		化妆美容书籍设计
	将照片转换为灰度		作文辅导书籍设计
	制作人物照片		现代散文集书籍设计
	制作汽车广告		少儿读物书籍设计
第 9 章 图层的应用	制作混合风景		制作果汁饮料包装
	制作金属效果		制作小提琴 CD 包装
	制作照片合成效果		制作方便面包装
	制作黄昏风景画		制作洗发水包装
	制作晚霞风景画		制作茶叶包装
	制作网页播放器		制作宠物医院网页
第 10 章 应用文字与蒙版	制作个性文字		制作婚纱摄影网页
	制作音乐卡片		制作电子产品网页
	制作秋季景色效果		制作科技网页
	制作婚纱照片		制作写真模板网页

目 录

1

第 1 章　图像处理基础知识

本章介绍

本章主要介绍 Photoshop CC 图像处理的基础知识，包括位图与矢量图、分辨率、文件常用格式和图像色彩模式等。通过对本章的学习，可以快速掌握这些基础知识，有助于更快、更准确地处理图像。

学习目标

- 了解位图和矢量图的概念。
- 了解不同的分辨率。
- 熟悉图像的不同色彩模式。
- 熟悉软件常用的文件格式。

技能目标

- 熟悉位图和矢量图的区别。
- 熟悉不同的分辨率的使用技巧。
- 掌握图像的不同色彩模式。
- 掌握软件常用的文件格式。

1.1 位图和矢量图

图像文件可以分为两大类：位图和矢量图。在绘图或处理图像的过程中，这两种类型的图像可以相互交叉使用。

1.1.1 位图

位图图像也叫点阵图像，它是由许多单独的小方块组成的，这些小方块称为像素点。每个像素点都有特定的位置和颜色值，位图图像的显示效果与像素点是紧密联系在一起的，不同排列和着色的像素点组合在一起构成了一幅色彩丰富的图像。像素点越多，图像的分辨率越高，相应的，图像的文件的数据量也会随之增大。

一幅位图图像的原始效果如图 1-1 所示，使用放大工具放大后，可以清晰地看到像素的小方块形状与不同的颜色，效果如图 1-2 所示。

图 1-1

图 1-2

位图与分辨率有关，如果在屏幕上以较大的倍数放大显示图像，或以低于创建时的分辨率打印图像，图像就会出现锯齿状的边缘，并且会丢失细节。

1.1.2 矢量图

矢量图也叫向量图，它是一种基于图形的几何特性来描述的图像。矢量图中的各种图形元素称为对象，每一个对象都是独立的个体，都具有大小、颜色、形状和轮廓等属性。

矢量图与分辨率无关，可以将它设置为任意大小，其清晰度不变，也不会出现锯齿状的边缘。在任何分辨率下显示或打印，都不会损失细节。一幅矢量图的原始效果如图 1-3 所示，使用放大工具放大后，其清晰度不变，效果如图 1-4 所示。

图 1-3   图 1-4

矢量图所占的容量较少，但这种图形的缺点是不易制作色调丰富的图像，而且绘制出来的图形无法像位图那样精确地描绘各种绚丽的景象。

1.2　分辨率

分辨率是用于描述图像文件信息的术语。分辨率分为图像分辨率、屏幕分辨率和输出分辨率。下面将分别进行讲解。

1.2.1　图像分辨率

在 Photoshop CC 中，图像中每单位长度上的像素数目，称为图像的分辨率，其单位为像素/英寸或是像素/厘米。

在相同尺寸的两幅图像中，高分辨率的图像包含的像素比低分辨率的图像包含的像素多。例如，一幅尺寸为 1 英寸×1 英寸的图像，其分辨率为 72 像素/英寸，这幅图像包含 5184 个像素（72×72 = 5184）。

图 1-5　　　　　　　图 1-6

同样尺寸，分辨率为 300 像素/英寸的图像，图像包含 90000 个像素。相同尺寸下，分辨率为 72 像素/英寸的图像效果如图 1-5 所示；分辨率为 10 像素/英寸的图像效果如图 1-6 所示。由此可见，在相同尺寸下，高分辨率的图像更能清晰地表现图像内容。

 如果一幅图像所包含的像素是固定的，增加图像尺寸后，会降低图像的分辨率。

1.2.2　屏幕分辨率

屏幕分辨率是显示器上每单位长度显示的像素数目。屏幕分辨率取决于显示器大小及其像素设置。PC 显示器的分辨率一般约为 96 像素/英寸，Mac 显示器的分辨率一般约为 72 像素/英寸。在 Photoshop CC 中，图像像素被直接转换成显示器像素，当图像分辨率高于显示器分辨率时，屏幕中显示的图像比实际尺寸大。

1.2.3　输出分辨率

输出分辨率是照排机或打印机等输出设备产生的每英寸的油墨点数（dpi）。打印机的分辨率在 720 dpi 以上的，可以使图像获得比较好的效果。

1.3　图像的色彩模式

Photoshop CC 提供了多种色彩模式，这些色彩模式正是作品能够在屏幕和印刷品上成功表现的重要保障。在这些色彩模式中，经常使用到的有 CMYK 模式、RGB 模式、Lab 模式以及 HSB 模式。另外，还有索引模式、灰度模式、位图模式、双色调模式和多通道模式等。这些模式都可以在模式菜单下选取，每种色彩模式都有不同的色域，并且各个模式之间可以转换。下面将介绍主要的色彩模式。

1.3.1　CMYK 模式

CMYK 代表了印刷上用的 4 种油墨颜色：C 代表青色，M 代表洋红色，Y 代表黄色，K 代表黑色。CMYK 颜色控制面板如图 1-7 所示。

CMYK 模式在印刷时应用了色彩学中的减法混合原理，即减色色彩模式，它是图片、插图和其他 Photoshop 作品中最常用的一种印刷方式。因为在印刷中通常都要进行四色分色，出四色胶片，然后再进行印刷。

图 1-7

1.3.2　RGB 模式

与 CMYK 模式不同的是，RGB 模式是一种加色模式，它通过红、绿、蓝 3 种色光相叠加而形成更多的颜色。RGB 是色光的彩色模式，一幅 24bit 的 RGB 图像有 3 个色彩信息的通道：红色（R）、绿色（G）和蓝色（B）。RGB 颜色控制面板如图 1-8 所示。

图 1-8

每个通道都有 8 bit 的色彩信息，即一个 0 ~ 255 的亮度值色域。也就是说，每一种色彩都有 256 个亮度水平级。3 种色彩相叠加，可以有 $256 \times 256 \times 256 = 1670$ 万种可能的颜色。这 1670 万种颜色足以表现出绚丽多彩的世界。

在 Photoshop CC 中编辑图像时，RGB 模式应是最佳的选择。因为它可以提供全屏幕的多达 24 bit 的色彩范围，一些计算机领域的色彩专家称之为"True Color（真色彩）"显示。

1.3.3　灰度模式

灰度模式，灰度图又叫 8 bit 深度图。每个像素用 8 个二进制位表示，能产生 2^8（即 256）级灰色调。当一个彩色文件被转换为灰度模式文件时，所有的颜色信息都将从文件中丢失。尽管 Photoshop CC 允许将一个灰度模式文件转换为彩色模式文件，但不可能将原来的颜色完全还原。所以，当要转换灰度模式时，应先做好图像的备份。

与黑白照片一样，一个灰度模式的图像只有明暗值，没有色相和饱和度这两种颜色信息。0%代表白，100%代表黑。其中的 K 值用于衡量黑色油墨用量，颜色控制面板如图 1-9 所示。

图 1-9

提示　将彩色模式转换为后面介绍的双色调（Duotone）模式或位图（Bitmap）模式时，必须先转换为灰度模式，然后由灰度模式转换为双色调模式或位图模式。

1.4　常用的图像文件格式

当用 Photoshop CC 制作或处理好一幅图像后，就要进行存储。这时，选择一种合适的文件格式就显得十分重要。Photoshop CC 有 20 多种文件格式可供选择。在这些文件格式中，既有 Photoshop CC 的专用格式，也有用于应用程序交换的文件格式，还有一些比较特殊的格式。下面将介绍几种常用的文件格式。

1.4.1 PSD 格式

PSD 格式和 PDD 格式是 Photoshop CC 自身的专用文件格式，能够支持从线图到 CMYK 的所有图像类型，但由于在一些图形处理软件中不能很好地支持，所以其通用性不强。PSD 格式和 PDD 格式能够保存图像数据的细小部分，如图层、附加的遮膜通道等 Photoshop CC 对图像进行特殊处理的信息。在没有最终决定图像存储的格式前，最好先以这两种格式存储。另外，Photoshop CC 打开和存储这两种格式的文件比其他格式更快。但是这两种格式也有缺点，就是它们所存储的图像文件容量大，占用的磁盘空间较多。

1.4.2 TIFF 格式

TIFF 格式是标签图像格式。TIFF 格式对于色彩通道图像来说是最有用的格式，具有很强的可移植性，它可以用于 PC、Macintosh 以及 UNIX 工作站 3 大平台，是这 3 大平台上使用最广泛的绘图格式。

使用 TIFF 格式存储时应考虑到文件的大小，因为 TIFF 格式的结构要比其他格式更复杂。但 TIFF 格式支持 24 个通道，能存储多于 4 个通道的文件格式。TIFF 格式还允许使用 Photoshop CC 中的复杂工具和滤镜特效。TIFF 格式非常适合于印刷和输出。

1.4.3 BMP 格式

BMP 是 Windows Bitmap 的缩写。它可以用于绝大多数 Windows 下的应用程序。

BMP 格式使用索引色彩，它的图像具有极为丰富的色彩，并可以使用 16MB 色彩渲染图像。BMP 格式能够存储黑白图、灰度图和 16MB 色彩的 RGB 图像等。此格式一般在多媒体演示、视频输出等情况下使用，但不能在 Macintosh 程序中使用。在存储 BMP 格式的图像文件时，还可以进行无损失压缩，这样能够节省磁盘空间。

1.4.4 GIF 格式

GIF 是 Graphics Interchange Format 的缩写。GIF 格式的图像文件容量比较小，它形成一种压缩的 8 bit 图像文件。正因为这样，一般用这种格式的文件来缩短图形的加载时间。如果在网络中传送图像文件，GIF 格式的图像文件要比其他格式的图像文件快得多。

1.4.5 JPEG 格式

JPEG 是 Joint Photographic Experts Group 的缩写，中文意思为联合摄影专家组。JPEG 格式既是

Photoshop CC 支持的一种文件格式，也是一种压缩方案。它是 Macintosh 上常用的一种存储类型。JPEG 格式是压缩格式中的"佼佼者"，与 TIFF 文件格式采用的 LIW 无损失压缩相比，它的压缩比例更大。但它使用的有损失压缩会丢失部分数据。用户可以在存储前选择图像的最后质量，这就能控制数据的损失程度。

1.4.6　EPS 格式

EPS 是 Encapsulated Post Script 的缩写。EPS 格式是 Illustrator CC 和 Photoshop CC 之间可交换的文件格式。Illustrator 软件制作出来的流动曲线、简单图形和专业图像一般都存储为 EPS 格式。Photoshop 可以获取这种格式的文件。在 Photoshop CC 中，也可以把其他图形文件存储为 EPS 格式，在排版类的 PageMaker 和绘图类的 Illustrator 等其他软件中使用。

1.4.7　选择合适的图像文件存储格式

可以根据工作任务的需要选择合适的图像文件存储格式，下面就根据图像的不同用途介绍应该选择的图像文件存储格式。

用于印刷：TIFF、EPS。

出版物：PDF。

Internet 图像：GIF、JPEG、PNG。

用于 Photoshop CC 工作：PSD、PDD、TIFF。

第 **2** 章

初识 Photoshop CC

本章介绍

本章首先对 Photoshop CC 进行概述，然后介绍 Photoshop CC 的功能特色。通过本章的学习，可以对 Photoshop CC 的多种功用有一个大体的了解，这样有助于在制作图像的过程中快速地定位，并应用相应的知识点，完成图像的制作任务。

学习目标

- 了解软件的工作界面。
- 了解文件的操作方法。
- 了解图像的显示效果和辅助线的设置方法。
- 了解图像和画面尺寸的调整以及绘图颜色的设置方法。
- 了解图层的基本运用和恢复操作的方法。

技能目标

- 掌握软件的工作界面。
- 熟练掌握文件的基本操作方法。
- 掌握图像和画布的尺寸设置技巧。
- 掌握不同的颜色设置技巧。
- 掌握图层的含义和恢复操作的应用技巧。

2.1 工作界面的介绍

2.1.1 菜单栏及其快捷方式

熟悉工作界面是学习 Photoshop CC 的基础。熟练掌握工作界面的内容，有助于初学者日后得心应手地驾驭 Photoshop CC。Photoshop CC 的工作界面主要由菜单栏、属性栏、工具箱、控制面板和状态栏组成，如图 2-1 所示。

图 2-1

菜单栏：菜单栏中共包含 11 个菜单命令。利用菜单命令可以完成对图像的编辑、调整色彩和添加滤镜效果等操作。

工具箱：工具箱中包含了多个工具。利用不同的工具可以完成对图像的绘制、观察和测量等操作。

属性栏：属性栏是工具箱中各个工具的功能扩展。通过在属性栏中设置不同的选项，可以快速地完成多样化的操作。

控制面板：控制面板是 Photoshop CC 的重要组成部分。通过不同的功能面板，可以完成图像中填充颜色、设置图层和添加样式等操作。

状态栏：状态栏可以提供当前文件的显示比例、文档大小、当前工具和暂存盘大小等提示信息。

1. 菜单分类

Photoshop CC 的菜单栏依次分为："文件"菜单、"编辑"菜单、"图像"菜单、"图层"菜单、"类型"菜单、"选择"菜单、"滤镜"菜单、"3D"菜单、"视图"菜单、"窗口"菜单及"帮助"菜单，如图 2-2 所示。

| 文件(F) | 编辑(E) | 图像(I) | 图层(L) | 类型(Y) | 选择(S) | 滤镜(T) | 3D(D) | 视图(V) | 窗口(W) | 帮助(H) |

图 2-2

各菜单功能如下。

文件菜单包含了各种文件的操作命令。编辑菜单包含了各种编辑文件的操作命令。图像菜单包含了各种改变图像的大小、颜色等的操作命令。图层菜单包含了各种调整图像中图层的操作命令。类型菜单包含了各种对文字的编辑和调整功能。选择菜单包含了各种关于选区的操作命令。滤镜菜单包含了各种添加滤镜效果的操作命令。3D 菜单包含了各种创建 3D 模型、控制框架和编辑光线的操作命令。视图菜单包含了各种对视图进行设置的操作命令。窗口菜单包含了各种显示或隐藏控制面板的操作命令。帮助菜单提供了各种帮助信息。

2. 菜单命令的不同状态

子菜单命令：有些菜单命令中包含了更多相关的菜单命令，包含子菜单的菜单命令，其右侧会显示黑色的三角形▶，单击带有三角形的菜单命令，就会显示出其子菜单，如图 2-3 所示。

不可执行的菜单命令：当菜单命令不符合运行的条件时，就会显示为灰色，即不可执行状态。例如，在 CMYK 模式下，滤镜菜单中的部分菜单命令将变为灰色，不能使用。

可弹出对话框的菜单命令：当菜单命令后面显示有省略号"…"时，如图 2-4 所示。表示单击此菜单，能够弹出相应的对话框，可以在对话框中进行相应的设置。

图 2-3

图 2-4

3. 显示或隐藏菜单命令

可以根据操作需要隐藏或显示指定的菜单命令。不经常使用的菜单命令可以暂时隐藏。选择菜单"窗口 > 工作区 > 键盘快捷键和菜单"命令，弹出"键盘快捷键和菜单"对话框，如图 2-5 所示。

图 2-5

单击"应用程序菜单命令"栏中的命令左侧的三角形按钮▶，将展开详细的菜单命令，如图 2-6 所示。单击"可见性"选项下方的眼睛图标◉，将其相对应的菜单命令隐藏，如图 2-7 所示。

图 2-6　　　　　　　　　　　　　　　　　图 2-7

设置完成后，单击"存储对当前菜单组的所有更改"按钮 ，保存当前的设置。也可单击"根据当前菜单组创建一个新组"按钮 ，将当前的修改创建为一个新组。隐藏应用程序菜单命令前后的菜单效果如图 2-8 和图 2-9 所示。

图 2-8　　　　　　　　　　　　　　　图 2-9

4．突出显示菜单命令

为了突出显示需要的菜单命令，可以为其设置颜色。选择菜单"窗口 > 工作区 > 键盘快捷键和菜单"命令，弹出"键盘快捷键和菜单"对话框，在要突出显示的菜单命令后面单击"无"，在弹出的下拉列表中可以选择需要的颜色标注命令，如图 2-10 所示。可以为不同的菜单命令设置不同的颜色，如图 2-11 所示。设置好颜色后，菜单命令的效果如图 2-12 所示。

图 2-10　　　　　　　　　　　　　　　图 2-11

图 2-12

提示 如果要暂时取消显示菜单命令的颜色，可以选择菜单"编辑 > 首选项 > 常规"命令，在弹出的对话框中选择"界面"选项，然后取消勾选"显示菜单颜色"复选框即可。

5．键盘快捷方式

使用键盘快捷方式：当要选择菜单命令时，可以使用菜单命令旁标注的快捷键。例如，要选择菜单"文件 > 打开"命令，直接按 Ctrl+O 组合键即可。

按住 Alt 键的同时，单击菜单栏中文字后面带括号的字母，可以打开相应的菜单，再按菜单命令中的带括号的字母即可执行相应的命令。例如，要选择"选择"命令，按 Alt+S 组合键即可弹出菜单，要想选择菜单中的"色彩范围"命令，再按 C 键即可。

自定义键盘快捷方式：为了更方便地使用最常用的命令，Photoshop CC 提供了自定义键盘快捷方式和保存键盘快捷方式的功能。

选择菜单"窗口 > 工作区 > 键盘快捷键和菜单"命令，弹出"键盘快捷键和菜单"对话框，如图 2-13 所示。在对话框下面的信息栏中说明了快捷键的设置方法，在"组"选项中可以选择要设置快捷键的组合，在"快捷键用于"选项中可以选择需要设置快捷键的菜单或工具，在下面的选项窗口中选择需要设置的命令或工具进行设置，如图 2-14 所示。

图 2-13

图 2-14

设置新的快捷键后，单击对话框右上方的"根据当前的快捷键组创建一组新的快捷键"按钮，弹出"存储"对话框，在"文件名"文本框中输入名称，如图 2-15 所示。单击"保存"按钮则存储新的快捷键设置。这时，在"组"选项中即可选择新的快捷键设置，如图 2-16 所示。

图 2-15   图 2-16

更改快捷键设置后,需要单击"存储对当前快捷键组的所有更改"按钮 对设置进行存储,单击"确定"按钮,应用更改的快捷键设置。要将快捷键的设置删除,可以在对话框中单击"删除当前的快捷键组合"按钮 ,将快捷键的设置删除,Photoshop CC 会自动还原为默认设置。

提示 　在为控制面板或应用程序菜单中的命令定义快捷键时,这些快捷键必须包括 Ctrl 键或一个功能键。并且在为工具箱中的工具定义快捷键时,必须使用 A～Z 之间的字母。

2.1.2　工具箱

Photoshop CC 的工具箱包括选择工具、绘图工具、填充工具、编辑工具、颜色选择工具、屏幕视图工具和快速蒙版工具等,如图 2-17 所示。想要了解每个工具的具体名称,可以将光标放置在具体工具的上方,此时会出现一个黄色的图标,上面会显示该工具的具体名称,如图 2-18 所示。工具名称后面括号中的字母,代表选择此工具的快捷键,只要在键盘上按该字母,就可以快速切换到相应的工具上。

图 2-17   图 2-18

　　切换工具箱的显示状态：Photoshop CC 的工具箱可以根据需要在单栏与双栏之间自由切换。当工具箱显示为双栏时，如图 2-19 所示。单击工具箱上方的双箭头图标，工具箱即可转换为单栏，节省工作空间，如图 2-20 所示。

| 图 2-19 | 图 2-20 |

　　显示隐藏工具箱：在工具箱中，部分工具图标的右下方有一个黑色的小三角，表示在该工具下还有隐藏的工具。用鼠标在工具箱中有小三角的工具图标上单击，并按住鼠标不放，弹出隐藏的工具选项，如图 2-21 所示。将光标移动到需要的工具图标上，即可选择该工具。

图 2-21

　　恢复工具箱的默认设置：要想恢复工具默认的设置，可以选择该工具，在相应的工具属性栏中，用鼠标右键单击工具图标，在弹出的菜单中选择"复位工具"命令，如图 2-22 所示。

图 2-22

　　光标的显示状态：当选择工具箱中的工具后，图像中的光标就变为工具图标。例如，选择"裁剪"工具，图像窗口中的光标也随之显示为裁剪工具的图标，如图 2-23 所示。

　　选择"画笔"工具，光标显示为画笔工具的对应图标，如图 2-24 所示。按 Caps Lock 键，光标转换为精确的十字形图标，如图 2-25 所示。

| 图 2-23 | 图 2-24 | 图 2-25 |

2.1.3　属性栏

　　当选择某个工具后，会出现相应的工具属性栏，可以通过属性栏对工具进行进一步的设置。例如，当选择"魔棒"工具时，工作界面的上方会出现相应的魔棒工具属性栏，可以应用属性栏中的各个命令对工具做进一步的设置，如图 2-26 所示。

图 2-26

2.1.4　状态栏

打开一幅图像时，图像的下方会出现该图像的状态栏，如图 2-27 所示。

显示比例区 ──── 100% 　文档:554.3 K/554.3 K ──── 图像信息区

图 2-27

状态栏的左侧显示当前图像缩放显示的百分数。在显示区的文本框中输入数值可改变图像窗口的显示比例。

在状态栏的中间部分显示当前图像的文件信息，单击三角形图标▶，在弹出的菜单中可以选择当前图像的相关信息，如图 2-28 所示。

图 2-28

2.1.5　控制面板

控制面板是处理图像时另一个不可或缺的部分。Photoshop CC 界面为用户提供了多个控制面板组。

收缩与展开控制面板：控制面板可以根据需要进行伸缩。面板的展开状态如图 2-29 所示。单击控制面板上方的双箭头图标▶▶，可以将控制面板收缩，如图 2-30 所示。如果要展开某个控制面板，可以直接单击其选项卡，相应的控制面板会自动弹出，如图 2-31 所示。

图 2-29

图 2-30

图 2-31

拆分控制面板：若需要单独拆分出某个控制面板，可用鼠标选中该控制面板的选项卡并向工作区拖曳，如图 2-32 所示，选中的控制面板将被单独地拆分出来，如图 2-33 所示。

图 2-32　　　　　　　　　　　　　图 2-33

组合控制面板：可以根据需要将两个或多个控制面板组合到一个面板组中，这样可以节省操作的空间。要组合控制面板，可以选中外部控制面板的选项卡，用鼠标将其拖曳到要组合的面板组中，面板组周围出现蓝色的边框，如图 2-34 所示。此时，释放鼠标，控制面板将被组合到面板组中，如图 2-35 所示。

控制面板弹出式菜单：单击控制面板右上方的图标 ，可以弹出控制面板的相关命令菜单，应用这些菜单可以提高控制面板的功能性，如图 2-36 所示。

图 2-34　　　　　　　　图 2-35　　　　　　　　图 2-36

隐藏与显示控制面板：按 Tab 键，可以隐藏工具箱和控制面板；再次按 Tab 键，可显示出隐藏的部分。按 Shift+Tab 组合键，可以隐藏控制面板；再次按 Shift+Tab 组合键，可显示出隐藏的部分。

> **提示**　按 F5 键显示或隐藏"画笔"控制面板；按 F6 键显示或隐藏"颜色"控制面板；按 F7 键显示或隐藏"图层"控制面板；按 F8 键显示或隐藏"信息"控制面板。按住 Alt+F9 组合键显示或隐藏"动作"控制面板。

自定义工作区：可以依据操作习惯自定义工作区、存储控制面板及设置工具的排列方式，设计出个性化的 Photoshop CC 界面。

设置完工作区后，选择菜单"窗口 > 工作区 > 新建工作区"命令，弹出"新建工作区"对话框，如图 2-37 所示。输入工作区名称，单击"存储"按钮，即可将自定义的工作区进行存储。

图 2-37

使用自定义工作区时，在"窗口 > 工作区"的子菜单中选择新保存的工作区名称。如果要再恢复使用 Photoshop CC 默认的工作区状态，可以选择菜单"窗口 > 工作区 > 复位基本功能"命令进行恢复。选择菜单"窗口 > 工作区 > 删除工作区"命令，可以删除自定义的工作区。

2.2 文件操作

掌握文件的基本操作方法，是开始设计和制作作品所必须的技能。下面将具体介绍 Photoshop CC 软件中的基本操作方法。

2.2.1 新建图像

新建图像是使用 Photoshop CC 进行设计的第一步。如果要在一个空白的图像上绘图，就要在 Photoshop CC 中新建一个图像文件。

选择菜单"文件 > 新建"命令，或按 Ctrl+N 组合键，弹出"新建"对话框，如图 2-38 所示。在对话框中可以设置新建图像的名称、图像的宽度和高度、分辨率和颜色模式等选项，设置完成后单击"确定"按钮，即可完成新建图像，如图 2-39 所示。

图 2-38   图 2-39

2.2.2 打开图像

如果要对照片或图片进行修改和处理，就要在 Photoshop CC 中打开需要的图像。

选择菜单"文件 > 打开"命令，或按 Ctrl+O 组合键，弹出"打开"对话框，在对话框中搜索路径和文件，确认文件类型和名称，如图 2-40 所示，然后单击"打开"按钮，或直接双击文件，即可打开所指定的图像文件，如图 2-41 所示。

图 2-40   图 2-41

> **提示**　在"打开"对话框中，也可以一次同时打开多个文件，只要在文件列表中将所需的几个文件选中，并单击"打开"按钮。在"打开"对话框中选择文件时，按住 Ctrl 键的同时，用鼠标单击，可以选择不连续的多个文件。按住 Shift 键的同时，用鼠标单击，可以选择连续的多个文件。

2.2.3　保存图像

编辑和制作完图像后，就需要将图像进行保存，以便于下次打开继续操作。

选择菜单"文件 > 存储"命令，或按 Ctrl+S 组合键，可以存储文件。当设计好的作品进行第一次存储时，选择菜单"文件 > 存储"命令，将弹出"另存为"对话框，如图 2-42 所示。在对话框中输入文件名、选择文件格式后，单击"保存"按钮，即可将图像保存。

图 2-42

> **提示**　当对已经存储过的图像文件进行各种编辑操作后，选择"存储"命令，将不弹出"另存为"对话框，计算机直接保存最终确认的结果，并覆盖原始文件。

2.2.4　关闭图像

将图像进行存储后，可以将其关闭。选择菜单"文件 > 关闭"命令，或按 Ctrl+W 组合键，可以关闭文件。关闭图像时，若当前文件被修改过或是新建文件，则会弹出提示框，如图 2-43 所示，单击"是"按钮即可存储并关闭图像。

图 2-43

2.3　图像的显示效果

使用 Photoshop CC 编辑和处理图像时，可以通过改变图像的显示比例，以使工作更便捷、高效。

2.3.1　100%显示图像

100%显示图像，如图 2-44 所示。在此状态下可以对文件进行精确地编辑。

图 2-44

2.3.2　放大显示图像

　　选择"缩放"工具 ，在图像中光标变为放大图标 ，每单击一次鼠标，图像就会放大一倍。当图像以 100%的比例显示时，用鼠标在图像窗口中单击一次，图像则以 200%的比例显示，效果如图 2-45 所示。

　　当要放大一个指定的区域时，在需要的区域按住鼠标不放，选中的区域会放大显示，到需要的大小后松开鼠标，如图 2-46 所示。取消勾选"细微缩放"复选框，可在图像上框选出矩形选区，以将选中的区域放大。

　　按 Ctrl+ + 组合键，可逐次放大图像，如图 2-47 所示。例如，从 100%的显示比例放大到 200%，直至 300%、400%。

图 2-45　　　　　　　　　　　图 2-46　　　　　　　　　　　图 2-47

2.3.3　缩小显示图像

　　缩小显示图像，一方面可以用有限的屏幕空间显示出更多的图像；另一方面可以看到一个较大图像的全貌。

　　选择"缩放"工具 ，在图像中鼠标光标变为放大工具图标 ，按住 Alt 键不放，光标变为缩小工具图标⊖。每单击一次鼠标，图像将缩小显示一级。缩小显示后效果如图 2-48 所示。按 Ctrl+ − 组合键，可逐次缩小图像，如图 2-49 所示。

图 2-48   图 2-49

也可在缩放工具属性栏中单击"缩小工具"按钮⊖，如图 2-50 所示，则光标变为缩小工具图标⊖，每单击一次鼠标，图像将缩小显示一级。

图 2-50

2.3.4　全屏显示图像

如果要将图像的窗口放大填满整个屏幕，可以在缩放工具的属性栏中单击"适合屏幕"按钮 适合屏幕 ，再勾选"调整窗口大小以满屏显示"选项，如图 2-51 所示。这样在放大图像时，窗口就会和屏幕的尺寸相适应，效果如图 2-52 所示。单击"100%"按钮 100% ，图像将以实际像素比例显示。在属性栏中选择"填充屏幕"按钮 填充屏幕 ，缩放图像以适合屏幕。

图 2-51   图 2-52

2.3.5　图像窗口显示

当打开多个图像文件时，会出现多个图像文件窗口，这就需要对窗口进行布置和摆放。

同时打开多幅图像，效果如图 2-53 所示。按 Tab 键，关闭操作界面中的工具箱和控制面板，如图 2-54 所示。

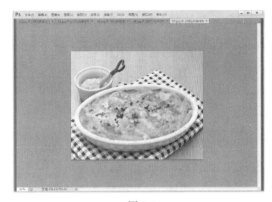

图 2-53

图 2-54

选择菜单"窗口 > 排列 > 全部垂直拼贴"命令，图像的排列效果如图 2-55 所示。选择菜单"窗口 > 排列 > 全部水平拼贴"命令，图像的排列效果如图 2-56 所示。

图 2-55

图 2-56

选择菜单"窗口 > 排列 > 双联水平"命令，图像的排列效果如图 2-57 所示。选择菜单"窗口 > 排列 > 双联垂直"命令，图像的排列效果如图 2-58 所示。

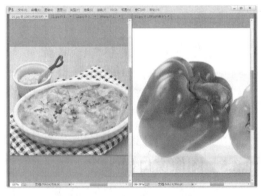

图 2-57

图 2-58

选择菜单"窗口 > 排列 > 三联水平"命令，图像的排列效果如图 2-59 所示。选择菜单"窗口 > 排列 > 三联垂直"命令，图像的排列效果如图 2-60 所示。

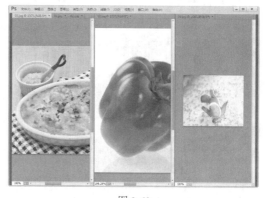

图 2-59 图 2-60

选择菜单"窗口 > 排列 > 三联堆积"命令，图像的排列效果如图 2-61 所示。选择菜单"窗口 > 排列 > 四联"命令，图像的排列效果如图 2-62 所示。

图 2-61 图 2-62

选择菜单"窗口 > 排列 > 将所有内容合并到选项卡中"命令，图像的排列效果如图 2-63 所示。选择菜单"窗口 > 排列 > 在窗口中浮动"命令，图像的排列效果如图 2-64 所示。选择菜单"窗口 > 排列 > 使所有内容在窗口中浮动"命令，图像的排列效果如图 2-65 所示。选择菜单"窗口 > 排列 > 层叠"命令，图像的排列效果与图 2-55 所示相同。选择菜单"窗口 > 排列 > 平铺"命令，图像的排列效果如图 2-66 所示。

图 2-63 图 2-64

图 2-65 图 2-66

匹配缩放命令可以将所有窗口都匹配到与当前窗口相同的缩放比例。如图 2-67 所示中将 05 素材图放大到 150% 显示，选择菜单"窗口 > 排列 > 匹配缩放"命令，所有图像窗口都以 150% 显示图像，如图 2-68 所示。

图 2-67 图 2-68

匹配位置命令可以将所有窗口都匹配到与当前窗口相同的显示位置。如图 2-69 所示为原显示位置，选择菜单"窗口 > 排列 > 匹配位置"命令，所有图像窗口都以 150% 显示图像，如图 2-70 所示。

图 2-69 图 2-70

匹配旋转命令可以将所有窗口的画布旋转角度都匹配到与当前窗口相同。如图 2-71 所示中将 07 素材图的画布旋转，选择菜单"窗口 > 排列 > 匹配旋转"命令，所有图像窗口都以相同的角度旋转，如图 2-72 所示。

图 2-71　　　　　　　　　　　　　　　　　　图 2-72

全部匹配命令是将所有窗口的缩放比例、图像显示位置、画布旋转角度与当前窗口进行匹配。

2.3.6　观察放大图像

选择"抓手"工具，在图像中光标变为抓手，用鼠标拖曳图像，可以观察图像的每个部分，效果如图 2-73 所示。直接用鼠标拖曳图像周围的垂直和水平滚动条，也可观察图像的每个部分，效果如图 2-74 所示。如果正在使用其他的工具进行工作，按住 Spacebar（空格）键，可以快速切换到"抓手"工具。

图 2-73　　　　　　　　　　　　　　　图 2-74

2.4　标尺、参考线和网格线的设置

标尺、参考线和网格线的设置可以使图像处理更加精确，而实际设计任务中的问题有许多也需要使用标尺、参考线和网格线来解决。

2.4.1　标尺的设置

设置标尺可以精确地编辑和处理图像。选择菜单"编辑 > 首选项 > 单位与标尺"命令，弹出相应的对话框，如图 2-75 所示。

图 2-75

单位：用于设置标尺和文字的显示单位，有不同的显示单位供选择。列尺寸：用于用列来精确确定图像的尺寸。点/派卡大小：与输出有关。选择菜单"视图 > 标尺"命令，可以将标尺显示或隐藏，如图 2-76 和图 2-77 所示。

图 2-76

图 2-77

将光标放在标尺的 x 和 y 轴的 0 点处，如图 2-78 所示。单击并按住鼠标不放，向右下方拖曳鼠标到适当的位置，如图 2-79 所示，释放鼠标，标尺的 x 和 y 轴的 0 点就变为鼠标移动后的位置，如图 2-80 所示。

图 2-78

图 2-79

图 2-80

2.4.2 参考线的设置

设置参考线：设置参考线可以使编辑图像的位置更精确。将鼠标的光标放在水平标尺上，按住鼠标不放，向下拖曳出水平的参考线，如图 2-81 所示。将鼠标的光标放在垂直标尺上，按住鼠标不放，向右拖曳出垂直的参考线，如图 2-82 所示。

图 2-81

图 2-82

显示或隐藏参考线：选择菜单"视图 > 显示 > 参考线"命令，可以显示或隐藏参考线，此命令只有存在参考线的前提下才能应用。

移动参考线：选择"移动"工具 ，将光标放在参考线上，光标变为 时，按住鼠标拖曳，可以移动参考线。

锁定、清除、新建参考线：选择菜单"视图 > 锁定参考线"命令或按 Alt +Ctrl+; 组合键，可以将参考线锁定，参考线锁定后将不能移动。选择菜单"视图 > 清除参考线"命令，可以将参考线清除。选择菜单"视图 > 新建参考线"命令，弹出"新建参考线"对话框，如图 2-83 所示，设定后单击"确定"按钮，图像中出现新建的参考线。

图 2-83

2.4.3　网格线的设置

设置网格线可以将图像处理得更精准。选择菜单"编辑 > 首选项 > 参考线、网格和切片"命令，弹出相应的对话框，如图 2-84 所示。

图 2-84

参考线：用于设定参考线的颜色和样式。网格：用于设定网格的颜色、样式、网格线间隔和子网格等。切片：用于设定切片的颜色和显示切片的编号。

选择菜单"视图 > 显示 > 网格"命令，可以显示或隐藏网格，如图 2-85 和图 2-86 所示。

图 2-85 图 2-86

技巧 反复按 Ctrl+R 组合键，可以将标尺显示或隐藏。反复按 Ctrl+; 组合键，可以将参考线显示或隐藏。反复按 Ctrl+' 组合键，可以将网格显示或隐藏。

2.5 图像和画布尺寸的调整

根据制作过程中不同的需求，可以随时调整图像与画布的尺寸。

2.5.1 图像尺寸的调整

打开一幅图像，选择菜单"图像 > 图像大小"命令，弹出"图像大小"对话框，如图 2-87 所示。

图像大小：通过改变"宽度"、"高度"和"分辨率"选项的数值，改变图像的文档大小，图像的尺寸也相应改变。缩放样式 ✿.：勾选此选项后，若在图像操作中添加了图层样式，可以在调整大小时自动缩放样式大小。尺寸：指沿图像的宽度和高度的总像素数，单击尺寸右侧的按钮 ▼，可以改变计量单位。调整为：指选取预设以调整图像大小。约束比例 🔗：单击"宽度"和"高度"选项右侧出现锁链标志 🔗，表示改变其中一项设置时，两项会成比例的同时改变。分辨率：指位图图像中的细节精细度，计量单位是像素/英寸（ppi），每英寸的像素越多，分辨率越高。重新采样：不勾选此复选框，尺寸的数值将不会改变，"宽度"、"高度"和"分辨率"选项右侧将出现锁链标志 🔗，改变数值时 3 项会同时改变，如图 2-88 所示。

图 2-87 图 2-88

在"图像大小"对话框中可以改变选项数值的计量单位，在选项右侧的下拉列表中进行选择，如

图 2-89 所示。单击"调整为"选项右侧的按钮▼，在弹出的下拉菜单中选择"自动分辨率"命令，弹出"自动分辨率"对话框，系统将自动调整图像的分辨率和品质效果，如图 2-90 所示。

图 2-89

图 2-90

2.5.2　画布尺寸的调整

图像画布尺寸的大小是指当前图像周围的工作空间的大小。选择菜单"图像 > 画布大小"命令，弹出"画布大小"对话框，如图 2-91 所示。

当前大小：显示的是当前文件的大小和尺寸。新建大小：用于重新设定图像画布的大小。定位：可调整图像在新画面中的位置，可偏左、居中或在右上角等，如图 2-92 所示。设置不同的调整方式，图像调整后的效果如图 2-93 所示。

图 2-91

图 2-92

图 2-93

图 2-93（续）

　　画布扩展颜色：此选项的下拉列表中可以选择填充图像周围扩展部分的颜色，在列表中可以选择前景色、背景色或 Photoshop CC 中的默认颜色，也可以自己调整所需颜色。在对话框中进行设置，如图 2-94 所示，单击"确定"按钮，效果如图 2-95 所示。

图 2-94　　　　　　　　　　　　　　图 2-95

2.6　设置绘图颜色

　　在 Photoshop CC 中可以使用"拾色器"对话框、"颜色"控制面板和"色板"控制面板对图像进行色彩的设置。

2.6.1　使用"拾色器"对话框设置颜色

　　可以在"拾色器"对话框中设置颜色。

使用颜色滑块和颜色选择区：用鼠标在颜色色带上单击或拖曳两侧的三角形滑块，如图 2-96 所示，可以使颜色的色相产生变化。

在"拾色器"对话框左侧的颜色选择区中，可以选择颜色的明度和饱和度，垂直方向表示的是明度的变化，水平方向表示的是饱和度的变化。

选择好颜色后，在对话框的右侧上方的颜色框中会显示所选择的颜色，右侧下方是所选择颜色的 HSB、RGB、CMYK 和 Lab 值，选择好颜色后，单击"确定"按钮，所选择的颜色将变为工具箱中的前景或背景色。

图 2-96

使用颜色库按钮选择颜色：在"拾色器"对话框中单击 "颜色库"按钮 颜色库 ，弹出"颜色库"对话框，如图 2-97 所示。在对话框中，"色库"下拉菜单中是一些常用的印刷颜色体系，如图 2-98 所示，其中"TRUMATCH"是为印刷设计提供服务的印刷颜色体系。

图 2-97

图 2-98

在颜色色相区域内单击或拖曳两侧的三角形滑块，可以使颜色的色相产生变化，在颜色选择区中选择带有编码的颜色，在对话框的右侧上方颜色框中会显示出所选择的颜色，右侧下方是所选择颜色的 CMYK 值。

通过输入数值选择颜色：在"拾色器"对话框中，右侧下方的 HSB、RGB、CMYK、Lab 色彩模式后面，都带有可以输入数值的数值框，在其中输入所需颜色的数值也可以得到希望的颜色。

选中对话框左下方的"只有 Web 颜色"复选框，颜色选择区中出现供网页使用的颜色，如图 2-99 所示，在右侧的数值框 # 66ccff 中，显示的是网页颜色的数值。

图 2-99

2.6.2 使用"颜色"控制面板设置颜色

"颜色"控制面板可以用来改变前景色和背景色。选择菜单"窗口 > 颜色"命令，弹出"颜色"控制面板，如图 2-100 所示。

在"颜色"控制面板中，可先单击左侧的设置前景色或设置背景色图标■来确定所调整的是前景色还是背景色，然后拖曳三角滑块或在色带中选择所需的颜色，或直接在颜色的数值框中输入数值调整颜色。

单击"颜色"控制面板右上方的图标，弹出下拉命令菜单，如图 2-101 所示，此菜单用于设定"颜色"控制面板中显示的颜色模式，可以在不同的颜色模式中调整颜色。

图 2-100 　　　　　　　　　图 2-101

2.6.3　使用"色板"控制面板设置颜色

"色板"控制面板可以用来选取一种颜色来改变前景色或背景色。选择菜单"窗口 > 色板"命令，弹出"色板"控制面板，如图 2-102 所示。单击"色板"控制面板右上方的图标，弹出下拉命令菜单，如图 2-103 所示。

图 2-102 　　　　　　　　　图 2-103

新建色板：用于新建一个色板。小缩览图：可使控制面板显示为小图标方式。小列表：可使控制面板显示为小列表方式。预设管理器：用于对色板中的颜色进行管理。复位色板：用于恢复系统的初始设置状态。载入色板：用于向"色板"控制面板中增加色板文件。存储色板：用于将当前"色板"控制面板中的色板文件存入硬盘。替换色板：用于替换"色板"控制面板中现有的色板文件。ANPA颜色选项以下都是配置的颜色库。

在"色板"控制面板中，将光标移到空白处，光标变为油漆桶🪣，如图 2-104 所示，此时单击鼠标，弹出"色板名称"对话框，如图 2-105 所示，单击"确定"按钮，即可将当前的前景色添加到"色板"控制面板中，如图 2-106 所示。

图 2-104   图 2-105   图 2-106

在"色板"控制面板中，将光标移到色标上，光标变为吸管🖊，如图 2-107 所示，此时单击鼠标，将设置吸取的颜色为前景色，如图 2-108 所示。

图 2-107   图 2-108

技巧　在"色板"控制面板中，按住 Alt 键的同时，将光标移到颜色色标上，光标变为剪刀✂，此时单击鼠标，将删除当前的颜色色标。

2.7　了解图层的含义

图层是在不影响图像中其他图像元素的情况下处理某一图像元素。可以将图层想象成是一张张叠起来的硫酸纸。可以透过图层的透明区域看到下面的图层。通过更改图层的顺序和属性，可以改变图像的合成。图像效果如图 2-109 所示，其图层原理图如图 2-110 所示。

图 2-109   图 2-110

2.7.1 "图层"控制面板

"图层"控制面板列出了图像中的所有图层、组和图层效果,如图 2-111 所示。可以使用"图层"控制面板来搜索图层、显示和隐藏图层、创建新图层以及处理图层组。还可以在"图层"控制面板的弹出式菜单中设置其他命令和选项。

图 2-111

图层搜索功能:在 $\boxed{\text{类型}}$ 框中可以选取 6 种不同的搜索方式。类型:可以通过单击"像素图层"按钮 $\boxed{\blacksquare}$、"调整图层"按钮 $\boxed{\bullet}$、"文字图层"按钮 $\boxed{T}$、"形状图层"按钮 $\boxed{\square}$ 和"智能对象"按钮 $\boxed{\boxplus}$ 来搜索需要的图层类型。名称:可以通过在右侧的框中输入图层名称来搜索图层。效果:通过图层应用的图层样式来搜索图层。模式:通过图层设定的混合模式来搜索图层。属性:通过图层的可见性、锁定、链接、混合和蒙版等属性来搜索图层。颜色:通过不同的图层颜色来搜索图层。

图层的混合模式 $\boxed{\text{正常}}$:用于设定图层的混合模式,共包含有 27 种混合模式。不透明度:用于设定图层的不透明度。填充:用于设定图层的填充百分比。眼睛图标 $\boxed{\odot}$:用于打开或隐藏图层中的内容。锁链图标 $\boxed{\infty}$:表示图层与图层之间的链接关系。图标 T:表示此图层为可编辑的文字层。图标 fx:为图层添加了样式。

在"图层"控制面板的上方有 4 个工具图标,如图 2-112 所示。

锁定透明像素 $\boxed{\boxtimes}$:用于锁定当前图层中的透明区域,使透明区域不能被编辑。锁定图像像素 $\boxed{\diagup}$:使当前图层和透明区域不能被编辑。锁定位置 $\boxed{\oplus}$:使当前图层不能被移动。锁定全部 $\boxed{\triangle}$:使当前图层或序列完全被锁定。

在"图层"控制面板的下方有 7 个工具按钮图标,如图 2-113 所示。

锁定: ⊠ ∕ ⊕ 🔒

图 2-112

∞ fx. ◙ ◐. ▢ ▢ 🗑

图 2-113

链接图层 $\boxed{\infty}$:使所选图层和当前图层成为一组,当对一个链接图层进行操作时,将影响一组链接图层。添加图层样式 $\boxed{fx}$:为当前图层添加图层样式效果。添加图层蒙版 $\boxed{\blacksquare}$:将在当前层上创建一个蒙版。在图层蒙版中,黑色代表隐藏图像,白色代表显示图像。可以使用画笔等绘图工具对蒙版进行绘制,还可以将蒙版转换成选择区域。创建新的填充或调整图层 $\boxed{\bullet}$:可对图层进行颜色填充和效果调整。创建新组 $\boxed{\square}$:用于新建一个文件夹,可在其中放入图层。创建新图层 $\boxed{\square}$:用于在当前图层的上方创建一个新层。删除图层 $\boxed{\text{🗑}}$:即垃圾桶,可以将不需要的图层拖曳到此处进行删除。

2.7.2 "图层"菜单

单击"图层"控制面板右上方的图标 $\boxed{\equiv}$,弹出其命令菜单,如图 2-114 所示。

图 2-114

2.7.3　新建图层

使用控制面板弹出式菜单：单击"图层"控制面板右上方的图标，弹出其命令菜单，选择"新建图层"命令，弹出"新建图层"对话框，如图 2-115 所示。

图 2-115

名称：用于设定新图层的名称，可以选择与前一图层创建剪贴蒙版。颜色：用于设定新图层的颜色。模式：用于设定当前图层的合成模式。不透明度：用于设定当前图层的不透明度值。

使用控制面板按钮或快捷键：单击"图层"控制面板下方的"创建新图层"按钮 ，可以创建一个新图层。按住 Alt 键的同时，单击"创建新图层"按钮 ，将弹出"新建图层"对话框。

使用"图层"菜单命令或快捷键：选择菜单"图层 > 新建 > 图层"命令，弹出"新建图层"对话框。按 Shift+Ctrl+N 组合键，也可以弹出"新建图层"对话框。

2.7.4　复制图层

使用控制面板弹出式菜单：单击"图层"控制面板右上方的图标 ，弹出其命令菜单，选择"复制图层"命令，弹出"复制图层"对话框，如图 2-116 所示。

图 2-116

为：用于设定复制层的名称。文档：用于设定复制层的文件来源。

使用控制面板按钮：将需要复制的图层拖曳到控制面板下方的"创建新图层"按钮 上，可以将所选的图层复制为一个新图层。

使用菜单命令：选择菜单"图层 > 复制图层"命令，弹出"复制图层"对话框。

使用鼠标拖曳的方法复制不同图像之间的图层：打开目标图像和需要复制的图像。将需要复制的图像中的图层直接拖曳到目标图像的图层中，图层复制完成。

2.7.5　删除图层

使用控制面板弹出式菜单：单击"图层"控制面板右上方的图标 ，弹出其命令菜单，选择"删除图层"命令，弹出提示对话框，如图 2-117 所示。

使用控制面板按钮：选中要删除的图层，单击"图层"控制面板下方的"删除图层"按钮 🗑 ，即可删除图层。或将需要删除的图层直接拖曳到"删除图层"按钮 🗑 上进行删除。

图 2-117

使用菜单命令：选择菜单"图层 > 删除 > 图层"命令，即可删除图层。

2.7.6 图层的显示和隐藏

单击"图层"控制面板中任意图层左侧的眼睛图标 👁 ，可以隐藏或显示这个图层。

按住 Alt 键的同时，单击"图层"控制面板中的任意图层左侧的眼睛图标 👁 ，此时，图层控制面板中将只显示这个图层，其他图层被隐藏。

2.7.7 图层的选择、链接和排列

选择图层：用鼠标单击"图层"控制面板中的任意一个图层，可以选择这个图层。

选择"移动"工具 ▶+ ，用鼠标右键单击窗口中的图像，弹出一组供选择的图层选项菜单，选择所需要的图层即可。将鼠标靠近需要的图像进行以上操作，即可选择这个图像所在的图层。

链接图层：当要同时对多个图层中的图像进行操作时，可以将多个图层进行链接，方便操作。选中要链接的图层，如图 2-118 所示，单击"图层"控制面板下方的"链接图层"按钮 ⊖ ，选中的图层被链接，如图 2-119 所示。再次单击"链接图层"按钮 ⊖ ，可取消链接。

图 2-118   图 2-119

排列图层：单击"图层"控制面板中的任意图层并按住鼠标不放，拖曳鼠标可将其调整到其他图层的上方或下方。

选择菜单"图层 > 排列"命令，弹出"排列"命令的子菜单，选择其中的排列方式即可。

> **提示**　按 Ctrl+[组合键，可以将当前图层向下移动一层；按 Ctrl+] 组合键，可以将当前图层向上移动一层；按 Shift+Ctrl+[组合键，可以将当前图层移动到除了背景图层以外的所有图层的下方；按 Shift +Ctrl+] 组合键，可以将当前图层移动到所有图层的上方。背景图层不能随意移动，可以将其转换为普通图层后再移动。

2.7.8　合并图层

"向下合并"命令用于向下合并图层。单击"图层"控制面板右上方的图标▼☰，在弹出的菜单中选择"向下合并"命令，或按 Ctrl+E 组合键即可。

"合并可见图层"命令用于合并所有可见层。单击"图层"控制面板右上方的图标▼☰，在弹出的菜单中选择"合并可见图层"命令，或按 Shift+Ctrl+E 组合键即可。

"拼合图像"命令用于合并所有的图层。单击"图层"控制面板右上方的图标▼☰，在弹出的菜单中选择"拼合图像"命令。

2.7.9　图层组

当编辑多层图像时，为了方便操作，可以将多个图层建立在一个图层组中。单击"图层"控制面板右上方的图标▼☰，在弹出的菜单中选择"新建组"命令，弹出"新建组"对话框，单击"确定"按钮，新建一个图层组，如图 2-120 所示，选中要放置到组中的多个图层，如图 2-121 所示，将其向图层组中拖曳，选中的图层被放置在图层组中，如图 2-122 所示。

图 2-120　　　　　　　　　　图 2-121　　　　　　　　　　图 2-122

提示　单击"图层"控制面板下方的"创建新组"按钮 ▭，可以新建图层组。选择菜单"图层 > 新建 > 组"命令，也可新建图层组。还可选中要放置在图层组中的所有图层，按 Ctrl+G 组合键，自动生成新的图层组。

2.8　恢复操作的应用

在绘制和编辑图像的过程中，经常会错误的执行一个步骤或对制作的一系列效果不满意。当希望恢复到前一步或原来的图像效果时，可以使用恢复操作命令。

2.8.1　恢复到上一步的操作

在编辑图像的过程中可以随时将操作返回到上一步，也可以还原图像到恢复前的效果。选择菜单"编辑 > 还原"命令，或按 Ctrl+Z 组合键，可以恢复到图像的上一步操作。如果想还原图像到恢复前的效果，再按 Ctrl+Z 组合键即可。

2.8.2 中断操作

当 Photoshop CC 正在进行图像处理时，想中断这次的操作，可以按 Esc 键，即可中断正在进行的操作。

2.8.3 恢复到操作过程的任意步骤

"历史记录"控制面板可以将进行过多次处理操作的图像恢复到任一步操作时的状态，即所谓的"多次恢复功能"。选择菜单"窗口 > 历史记录"命令，弹出"历史记录"控制面板，如图 2-123 所示。

图 2-123

控制面板下方的按钮从左至右依次为"从当前状态创建新文档"按钮、"创建新快照"按钮和"删除当前状态"按钮。

单击控制面板右上方的图标，弹出"历史记录"控制面板的下拉命令菜单，如图 2-124 所示。

前进一步：用于将滑块向下移动一位。后退一步：用于将滑块向上移动一位。新建快照：用于根据当前滑块所指的操作记录建立新的快照。删除：用于删除控制面板中滑块所指的操作记录。清除历史记录：用于清除控制面板中除最后一条记录外的所有记录。新建文档：用于由当前状态或者快照建立新的文件。历史记录选项：用于设置"历史记录"控制面板。关闭和关闭选项卡组：用于关闭"历史记录"控制面板和控制面板所在的选项卡组。

图 2-124

第**3**章 绘制和编辑选区

本章介绍

本章将主要介绍 Photoshop CC 选区的概念、绘制选区的方法以及编辑选区的技巧。通过本章的学习，可以快速地绘制规则与不规则的选区，并对选区进行移动、反选和羽化等调整操作。

学习目标

● 掌握选框工具、套索工具、魔棒工具的使用方法。
● 掌握移动选区、羽化选区的使用方法。
● 掌握创建、取消、全选和反选选区的使用方法。

技能目标

● 掌握"圣诞贺卡"的制作方法。
● 掌握"婚纱照片模板"的制作方法。

3.1 选择工具的使用

对图像进行编辑，首先要进行选择图像的操作。能够快捷精确地选择图像，是提高处理图像效率的关键。

命令介绍

矩形选框工具：矩形选框工具可以在图像或图层中绘制矩形选区。

套索工具：套索工具可以在图像或图层中绘制不规则形状的选区，选取不规则形状的图像。

魔棒工具：魔棒工具可以用来选取图像中的某一点，并将与这一点颜色相同或相近的点自动融入选区中。

3.1.1 课堂案例——制作圣诞贺卡

【案例学习目标】学习使用不同的选择工具选取不同的图像，并应用移动工具移动装饰图形。

【案例知识要点】使用磁性套索工具绘制选区；使用魔棒工选取图像；使用椭圆选框工具绘制选区；使用移动工具移动选区中的图像，如图 3-1 所示。

【效果所在位置】光盘/Ch03/效果/制作圣诞贺卡.psd。

（1）按 Ctrl + O 组合键，打开光盘中的"Ch03 > 素材 > 制作圣诞贺卡 > 01"文件，如图 3-2 所示。按 Ctrl + O 组合键，打开光盘中的"Ch03 > 素材 > 制作圣诞贺卡 > 02"文件，如图 3-3 所示。选择"磁性套索"工具 ，在图像窗口中沿着雪人边缘拖曳鼠标绘制选区，图像周围生成选区，如图 3-4 所示。

图 3-1　　　　　　　　　　　图 3-2　　　　　　　　　　图 3-3　　　　　图 3-4

（2）选择"移动"工具 ，将选区中的图像拖曳到 01 文件图像窗口中的适当位置，如图 3-5 所示，在"图层"控制面板中生成新的图层并将其命名为"雪人"，如图 3-6 所示。

图 3-5　　　　　　　　　　　图 3-6

（3）按 Ctrl + O 组合键，打开光盘中的"Ch03 > 素材 > 制作圣诞贺卡 > 03"文件，如图 3-7 所示。选择"魔棒"工具，属性栏中的设置如图 3-8 所示，在图像窗口中白色背景区域单击鼠标，图像周围生成选区，如图 3-9 所示。

图 3-7　　　　　　　　　　　　　图 3-8　　　　　　　　　　　　图 3-9

（4）按 Ctrl+Shift+I 组合键，将选区反选。选择"移动"工具，将选区中的图像拖曳到 01 文件窗口中的合适位置，效果如图 3-10 所示，在"图层"控制面板中生成新图层并将其命名为"气球"。按住 Alt 键的同时，拖曳图像到适当的位置，复制图像，按 Ctrl+T 组合键，图像周围出现变换框，按住 Shift+Alt 组合键的同时，向内拖曳变换框右上角的控制手柄，等比例缩小图像，按 Enter 键确定操作，效果如图 3-11 所示。

图 3-10　　　　　　　　　　　　图 3-11

（5）按 Ctrl + O 组合键，打开光盘中的"Ch03 > 素材 > 制作圣诞贺卡 > 04"文件，如图 3-12 所示。选择"椭圆选框"工具，按住 Shift 键的同时，在图像窗口中拖曳鼠标绘制圆形选区，效果如图 3-13 所示。

（6）选择"移动"工具，将选区中的图像拖曳到 01 文件窗口中的适当位置，效果如图 3-14 所示，在"图层"控制面板中生成新图层并将其命名为"圆球"。按住 Alt 键的同时，拖曳图像到适当的位置，复制图像，按 Ctrl+T 组合键，图像周围出现变换框，按住 Shift+Alt 组合键的同时，向内拖曳变换框右上角的控制手柄，等比例缩小图像，按 Enter 键确定操作，效果如图 3-15 所示。

图 3-12　　　　　　图 3-13　　　　　　　图 3-14　　　　　　　图 3-15

（7）按 Ctrl + O 组合键，打开光盘中的"Ch03 > 素材 > 制作圣诞贺卡 > 05"文件，如图 3-16 所示。选择"魔棒"工具，在图像窗口中白色背景区域单击鼠标，图像周围生成选区，如图 3-17 所示。按 Ctrl+Shift+I 组合键，将选区反选。选择"移动"工具，将选区中的图像拖曳到 01 文件图像窗口中适当的位置，效果如图 3-18 所示，在"图层"控制面板中生成新图层并将其命名为"礼物盒"。

图 3-16   图 3-17   图 3-18

（8）按 Ctrl + O 组合键，打开光盘中的"Ch03 > 素材 > 制作圣诞贺卡 > 06"文件，图像效果如图 3-19 所示。选择"魔棒"工具，在图像窗口中白色背景区域单击鼠标，图像周围生成选区，如图 3-20 所示。按 Ctrl+Shift+I 组合键，将选区反选。选择"移动"工具，将选区中的图像拖曳到 01 文件图像窗口中适当的位置，效果如图 3-21 所示，在"图层"控制面板中生成新图层并将其命名为"漂絮"。至此，圣诞贺卡制作完成，效果如图 3-22 所示。

图 3-19   图 3-20   图 3-21   图 3-22

3.1.2　选框工具

选择"矩形选框"工具，或反复按 Shift+M 组合键，其属性栏状态如图 3-23 所示。

图 3-23

新选区：去除旧选区，绘制新选区。添加到选区：在原有选区的上面增加新的选区。从选区减去：在原有选区上减去新选区的部分。与选区交叉：选择新旧选区重叠的部分。羽化：用于设定选区边界的羽化程度。消除锯齿：用于清除选区边缘的锯齿。样式：用于选择类型。

绘制矩形选区：选择"矩形选框"工具，在图像中适当的位置单击并按住鼠标不放，向右下方拖曳鼠标绘制选区；松开鼠标，矩形选区绘制完成，如图 3-24 所示。按住 Shift 键，在图像中可以绘制出正方形选区，如图 3-25 所示。

图 3-24 图 3-25

设置矩形选区的比例：在"矩形选框"工具的属性栏中，选择"样式"选项下拉列表中的"固定比例"，将"宽度"选项设为 1，"高度"选项设为 3，如图 3-26 所示。在图像中绘制固定比例的选区，效果如图 3-27 所示。单击"高度和宽度互换"按钮，可以快速地将宽度和高度比的数值互相置换，互换后绘制的选区效果如图 3-28 所示。

图 3-26

图 3-27 图 3-28

设置固定尺寸的矩形选区：在"矩形选框"工具的属性栏中，选择"样式"选项下拉列表中的"固定大小"，在"宽度"和"高度"选项中输入数值，单位只能是像素，如图 3-29 所示。绘制固定大小的选区，效果如图 3-30 所示。单击"高度和宽度互换"按钮，可以快速地将宽度和高度的数值互相置换，互换后绘制的选区效果如图 3-31 所示。

图 3-29

图 3-30 图 3-31

41

因为"椭圆选框"工具的应用与"矩形选框"工具基本相同，所以这里就不再赘述。

3.1.3 套索工具

套索工具可以在图像或图层中绘制出不规则形状的选区，选取不规则形状的图像。

选择"套索"工具 ，或反复按 Shift+L 组合键，其属性栏状态如图 3-32 所示。

 ：为选择方式选项。羽化：用于设定选区边缘的羽化程度。消除锯齿：用于清除选区边缘的锯齿。

选择"套索"工具 ，在图像中适当的位置单击并按住鼠标不放，拖曳鼠标在图像上进行绘制，如图 3-33 所示，松开鼠标，选择区域自动封闭生成选区，效果如图 3-34 所示。

图 3-32 图 3-33 图 3-34

3.1.4 魔棒工具

魔棒工具可以用来选取图像中的某一点，并将与这一点颜色相同或相近的点自动融入选区中。

选择"魔棒"工具 ，或反复按 Shift+W 组合键，其属性栏状态如图 3-35 所示。

图 3-35

 ：为选择方式选项。取样大小：用于设置取样范围的大小。容差：用于控制色彩的范围，数值越大，可容许的颜色范围越大。消除锯齿：用于清除选区边缘的锯齿。连续：用于选择单独的色彩范围。对所有图层取样：用于将所有可见层中颜色容许范围内的色彩加入选区。

选择"魔棒"工具 ，在图像中单击需要选择的颜色区域，即可得到需要的选区，如图 3-36 所示。调整属性栏中的容差值，再次单击需要选择的区域，不同容差值的选区效果如图 3-37 所示。

图 3-36 图 3-37

3.2　选区的操作技巧

在建立选区后，可以对选区进行一系列的操作，如移动选区、调整选区和羽化选区等。

命令介绍

羽化选区：可以使图像产生柔和的效果。

3.2.1　课堂案例——制作婚纱照片模板

【案例学习目标】学习调整选区的方法和技巧，并应用羽化选区命令制作柔和图像效果。

【案例知识要点】使用羽化选区命令制作柔和图像效果；使用反选命令制作选区反选效果；使用魔棒工选取图像，如图 3-38 所示。

【效果所在位置】光盘/Ch03/效果/制作婚纱照片模板.psd。

（1）按 Ctrl + O 组合键，打开光盘中的"Ch03 > 素材 > 制作婚纱照片模板 > 01"文件，如图 3-39 所示。单击"图层"控制面板下方的"创建新图层"按钮 ，生成新的图层并将其命名为"暗角"，如图 3-40 所示。在工具箱下方将前景色设为白色，按 Alt+Delete 组合键，用前景色填充"暗角"图层。

图 3-38

图 3-39

图 3-40

（2）选择"椭圆选框"工具 ，在图像窗口中绘制椭圆选区，如图 3-41 所示。选择"选择 > 修改 > 羽化"命令，弹出"羽化选区"对话框，选项的设置如图 3-42 所示，单击"确定"按钮，羽化选区。按 Delete 键，删除选区中的图像，按 Ctrl+D 组合键，取消选区，效果如图 3-43 所示。

图 3-41

图 3-42

图 3-43

（3）按 Ctrl + O 组合键，打开光盘中的"Ch03 > 素材 > 制作婚纱照片模板 > 02、03"文件，选择"移动"工具 ，分别将 02、03 图片拖曳到图像窗口适当的位置，效果如图 3-44 所示，在"图层"

控制面板中分别生成新图层并将其命名为"装饰"和"人物"。

（4）选择"魔棒"工具 ✨，在属性栏中的设置如图 3-45 所示，在图像窗口中白色背景区域多次单击鼠标，图像周围生成选区，如图 3-46 所示。

图 3-44   图 3-45   图 3-46

（5）按 Ctrl+F6 组合键，弹出"羽化选区"对话框，选项的设置如图 3-47 所示，单击"确定"按钮，羽化选区。按 Delete 键，删除选区中的图像；按 Ctrl+D 组合键，取消选区，图像效果如图 3-48 所示。

（6）按 Ctrl + O 组合键，打开光盘中的"Ch03 > 素材 > 制作婚纱照片模板 > 04"文件，选择"移动"工具 ▶✦，将人物图片拖曳到图像窗口适当的位置，效果如图 3-49 所示，在"图层"控制面板中生成新图层并将其命名为"人物 2"。

图 3-47   图 3-48   图 3-49

（7）按 Ctrl+T 组合键，在图像周围出现变换框，单击鼠标右键，在弹出的菜单中选择"水平翻转"命令，翻转图像，按 Enter 键确认操作，效果如图 3-50 所示。选择"椭圆选框"工具 ◯，按住 Shift 键的同时，在图像窗口中拖曳鼠标绘制椭圆选区，如图 3-51 所示。

（8）按 Ctrl+F6 组合键，弹出"羽化选区"对话框，选项的设置如图 3-52 所示，单击"确定"按钮。按 Ctrl+Shift+I 组合键，将选区反选；按 Delete 键，删除选区中的图像；按 Ctrl+D 组合键，取消选区，图像效果如图 3-53 所示。

图 3-50   图 3-51   图 3-52   图 3-53   图 3-54

（9）按 Ctrl + O 组合键，打开光盘中的"Ch03 > 素材 > 制作婚纱照片模板 > 05"文件，选择"移动"工具 ▶♣ ，将 05 图片拖曳到图像窗口适当的位置，效果如图 3-54 所示，在"图层"控制面板中生成新图层并将其命名为"标"。至此，婚纱照片模板制作完成。

3.2.2 移动选区

使用鼠标移动选区：选择绘制选区的工具，将鼠标放在选区中，光标变为 ▶♣ ，如图 3-55 所示。按住鼠标并进行拖曳，光标变为 ▶ ，将选区拖曳到其他位置，如图 3-56 所示。松开鼠标，即可完成选区的移动，效果如图 3-57 所示。

图 3-55

图 3-56

图 3-57

使用键盘移动选区：当使用矩形和椭圆选框工具绘制选区时，不要松开鼠标，按住 Spacebar（空格）键的同时拖曳鼠标，即可移动选区。绘制出选区后，使用键盘中的方向键，可以将选区沿各方向移动 1 个像素；绘制出选区后，使用 Shift+方向组合键，可以将选区沿各方向移动 10 个像素。

3.2.3 羽化选区

羽化选区可以使图像产生柔和的效果。在图像中绘制不规则选区，如图 3-58 所示，选择"选择 > 修改 > 羽化"命令，弹出"羽化选区"对话框，设置羽化半径的数值，如图 3-59 所示，单击"确定"按钮，选区被羽化。按 Shift+Ctrl+I 组合键，将选区反选，如图 3-60 所示。

图 3-58

图 3-59

图 3-60

在选区中填充颜色后，效果如图 3-61 所示。还可以在绘制选区前，在所使用工具的属性栏中直接输入羽化的数值，如图 3-62 所示。此时，绘制的选区自动成为带有羽化边缘的选区。

图 3-61

图 3-62

3.2.4 创建和取消选区

选择菜单"选择 > 取消选择"命令，或按 Ctrl+D 组合键，可以取消选区。

3.2.5 全选和反选选区

选择所有像素，即指将图像中的所有图像全部选取。选择"选择 > 全部"命令，或按 Ctrl+A 组合键，即可选取全部图像，效果如图 3-63 所示。

选择"选择 > 反向"命令，或按 Shift+Ctrl+I 组合键，可以对当前的选区进行反向选取，效果分别如图 3-64、图 3-65 所示。

图 3-63

图 3-64

图 3-65

课堂练习——制作保龄球

【练习知识要点】使用移动工具和图层的混合模式选项添加花纹效果；使用钢笔工具绘制球瓶；使用椭圆选框工具和羽化命令绘制球体、阴影和高光；使用文本工具和图层的混合模式选项制作文字，效果如图 3-66 所示。

【素材所在位置】光盘/Ch03/素材/制作保龄球/01、02。

【效果所在位置】光盘/Ch03/效果/制作保龄球.psd。

图 3-66

课后习题——制作温馨时刻

【习题知识要点】使用快速选择选取背景图像；使用色阶命令和曲线命令调整图片的背景颜色，效果如图 3-67 所示。

【素材所在位置】光盘/Ch03/素材/制作温馨时刻/01。

【效果所在位置】光盘/Ch03/效果/制作温馨时刻.psd。

图 3-67

第 **4** 章 绘制图像

本章介绍

本章将主要介绍 Photoshop CC 画笔工具的使用方法以及填充工具的使用技巧。通过本章的学习，可以使用画笔工具绘制出丰富多彩的图像效果，使用填充工具制作出多样的填充效果。

学习目标

- 掌握画笔工具、铅笔工具的使用方法。
- 掌握历史记录画笔工具、历史记录艺术画笔工具的使用方法。
- 掌握油漆桶、吸管工具、渐变工具的使用技巧。
- 掌握填充命令、定义图案、描边命令的使用技巧。

技能目标

- 掌握"风景插画"的制作方法。
- 掌握"油画效果"的制作方法。
- 掌握"彩虹"的制作方法。
- 掌握"卡片背景"的制作方法。

4.1 绘图工具的使用

使用绘图工具是绘画和编辑图像的基础。画笔工具可以绘制出各种绘画效果。铅笔工具可以绘制出各种硬边效果的图像。

命令介绍

画笔工具：可以模拟画笔效果在图像或选区中进行绘制。

铅笔工具：可以模拟铅笔的效果进行绘画。

4.1.1 课堂案例——绘制风景插画

【案例学习目标】学会使用绘图工具绘制不同的装饰图形。

【案例知识要点】使用画笔工具绘制草地和太阳图形；使用多边形套索工具绘制不规则选区如图 4-1 所示。

【效果所在位置】光盘/Ch04/效果/绘制风景插画.psd。

图 4-1

1. 绘制背景效果

（1）按 Ctrl + O 组合键，打开光盘中的"Ch04 > 素材 > 绘制风景插画 > 01"文件，如图 4-2 所示。

（2）新建图层并将其命名为"羽化框"。将前景色设为白色。选择"矩形选框"工具，在图像窗口中绘制矩形选区，如图 4-3 所示。按 Alt+Delete 组合键，用前景色填充选区，按 Ctrl+D 组合键，取消选区，效果如图 4-4 所示。

图 4-2

图 4-3

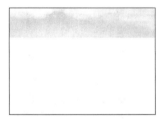

图 4-4

（3）选择"矩形选框"工具，在图形上方再绘制一个矩形选区，如图 4-5 所示。按 Shift+F6 组合键，在弹出的"羽化选区"对话框中进行设置，如图 4-6 所示，单击"确定"按钮，羽化选区。按两次 Delete 键，删除选区中的图像，取消选区后的效果如图 4-7 所示。

图 4-5

图 4-6

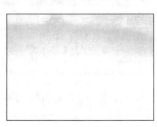

图 4-7

2．绘制草地和太阳图形

（1）按 Ctrl + O 组合键，打开光盘中的"Ch04 > 素材 > 绘制风景插画 > 02"文件，选择"移动"工具 ，将图片拖曳到图像窗口中适当的位置，效果如图 4-8 所示，在"图层"控制面板中生成新图层并将其命名为"树"。

（2）新建图层并将其命名为"草地"。将前景色设为深绿色（其 R、G、B 的值分别为 48、125、8），背景色设为浅绿色（其 R、G、B 的值分别为 165、232、21）。选择"画笔"工具 ，在属性栏中单击"画笔"选项右侧的按钮，在弹出的面板中选择需要的画笔形状，如图 4-9 所示，单击属性栏中的"切换画笔面板"按钮 ，在弹出的"画笔"控制面板中进行设置，如图 4-10 所示。

| 图 4-8 | 图 4-9 | 图 4-10 |

（3）选择"颜色动态"选项，切换到相应的面板中进行设置，如图 4-11 所示。在图像窗口中拖曳鼠标绘制草地图形，效果如图 4-12 所示。

图 4-11　　　　　　　　　　图 4-12

（4）将前景色设为土地色（其 R、G、B 的值分别为 222、136、0）。选择"画笔"工具 ，在属性栏中单击"画笔"选项右侧的按钮，在弹出的面板中选择需要的画笔形状，如图 4-13 所示，单击属性栏中的"切换画笔面板"按钮 ，在弹出的"画笔"控制面板中进行设置，如图 4-14 所示。在图像窗口中拖曳鼠标绘制草地图形，效果如图 4-15 所示。

| 图 4-13 | 图 4-14 | 图 4-15 |

（5）新建图层并将其命名为"太阳"。将前景色设为橘红色（其 R、G、B 的值分别为 255、228、0）。选择"画笔"工具 ，在属性栏中单击"画笔"选项右侧的按钮，在弹出的画笔面板中选择需要的画笔形状，将"大小"选项设为 1000px，"硬度"选项设为 40%，如图 4-16 所示。在图像窗口中左上角拖曳鼠标绘制太阳图形，效果如图 4-17 所示。

| 图 4-16 | 图 4-17 |

（6）新建图层并将其命名为"阳光"。将前景色设为白色。按 Alt+Delete 组合键，用前景色填充"阳光"图层。在"图层"控制面板上方，将"阳光"图层的"填充"选项设为 40%，如图 4-18 所示，图像效果如图 4-19 所示。

（7）选择"多边形套索"工具 ，在图像窗口中拖曳鼠标绘制选区，如图 4-20 所示。按 Ctrl+Shift+I 组合键，将选区反选，按 Delete 键，删除选区中的图像，取消选区后的效果如图 4-21 所示。

图 4-18

| 图 4-19 | 图 4-20 | 图 4-21 |

（8）在"图层"控制面板中，将"阳光"图层拖曳到"树"图层的下方，如图 4-22 所示，图像效果如图 4-23 所示。

（9）选中"树"图层，按 Ctrl + O 组合键，打开光盘中的"Ch04 > 素材 > 绘制风景插画 > 03、04"文件，选择"移动"工具 ，分别将 03、04 图片拖曳到图像窗口适当的位置，效果如图 4-24 所示，在"图层"控制面板中生成新图层并将其命名为"装饰图片"和"文字"。至此，风景插画制作完成。

图 4-22

图 4-23

图 4-24

4.1.2　画笔工具

选择"画笔"工具 ，或反复按 Shift+B 组合键，其属性栏的效果如图 4-25 所示。

图 4-25

画笔预设：用于选择预设的画笔。模式：用于选择绘画颜色与下面现有像素的混合模式。不透明度：可以设定画笔颜色的不透明度。流量：用于设定喷笔压力，压力越大，喷色越浓。启用喷枪模式 ：可以启用喷枪功能。绘图板压力控制大小 ：使用压感笔压力可以覆盖"画笔"面板中的"不透明度"和"大小"的设置。

使用画笔工具：选择"画笔"工具 ，在画笔工具属性栏中设置画笔，如图 4-26 所示，在图像中单击鼠标并按住不放，拖曳鼠标可以绘制出如图 4-27 所示的效果。

图 4-26

图 4-27

画笔预设：在画笔工具属性栏中单击"画笔"选项右侧的按钮 ，弹出如图 4-28 所示的"画笔"选择面板，在画笔选择面板中可以选择画笔形状。

拖曳"主直径"选项下方的滑块或直接输入数值，可以设置画笔的大小。如果选择的画笔是基于样本的，将显示"恢复到原始大小"按钮 ，单击此按钮，可以使画笔的大小恢复到初始的大小。

单击"画笔"面板右上方的按钮 ，在弹出的下拉菜单中选择"描边缩览图"命令，如图 4-29 所示，"画笔"选择面板的显示效果如图 4-30 所示。

图 4-28　　　　　　　图 4-29　　　　　　　图 4-30

新建画笔预设：用于建立新画笔。重命名画笔：用于重新命名画笔。删除画笔：用于删除当前选中的画笔。仅文本：以文字描述方式显示画笔选择面板。小缩览图：以小图标方式显示画笔选择面板。大缩览图：以大图标方式显示画笔选择面板。小列表：以小文字和图标列表方式显示画笔选择面板。大列表：以大文字和图标列表方式显示画笔选择面板。描边缩览图：以笔划的方式显示画笔选择面板。预设管理器：用于在弹出的预置管理器对话框中编辑画笔。复位画笔：用于恢复默认状态的画笔。载入画笔：用于将存储的画笔载入面板。存储画笔：用于将当前的画笔进行存储。替换画笔：用于载入新画笔并替换当前画笔。

在画笔选择面板中单击"从此画笔创建新的预设"按钮，弹出如图 4-31 所示的"画笔名称"对话框。单击画笔工具属性栏中的"切换画笔面板"按钮，弹出如图 4-32 所示的"画笔"控制面板。

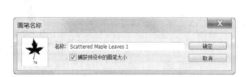

图 4-31　　　　　　　　　图 4-32

4.1.3　铅笔工具

选择"铅笔"工具，或反复按 Shift+B 组合键，其属性栏的效果如图 4-33 所示。

图 4-33

画笔：用于选择画笔。模式：用于选择混合模式。不透明度：用于设定不透明度。自动抹除：用于自动判断绘画时的起始点颜色，如果起始点颜色为背景色，则铅笔工具将以前景色绘制；反之如果起始点颜色为前景色，铅笔工具则会以背景色绘制。

使用铅笔工具：选择"铅笔"工具 ✐，在其属性栏中选择笔触大小，并选择"自动抹除"选项，如图 4-34 所示，此时绘制效果与鼠标所单击的起始点颜色有关，当鼠标单击的起始点像素与前景色相同时，"铅笔"工具 ✐ 将行使"橡皮擦"工具 ✐ 的功能，以背景色绘图；如果鼠标单击的起始点颜色不是前景色，绘图时仍然会保持以前景色的颜色绘制。

将前景色和背景色分别设定为紫色和土黄色，在属性栏中勾选"自动抹除"选项，在图像中单击鼠标，画出一个紫色图形，在紫色图形上单击绘制下一个图形，效果如图 4-35 所示。

图 4-34　　　　　　　　　　　　　　　　　　　图 4-35

4.2　应用历史记录画笔和颜色替换工具

历史记录艺术画笔工具主要用于将图像恢复到以前的某一历史状态，以形成特殊的图像效果。颜色替换工具用于更改图像中某对象的颜色。

命令介绍

历史记录艺术画笔工具：主要用于将图像的部分区域恢复到以前的某一历史状态，以形成特殊的图像效果，使用此工具绘图时可以产生艺术效果。

4.2.1　课堂案例——制作水果油画

【练习知识要点】使用历史记录艺术画笔工具制作涂抹效果；使用色相/饱和度命令调整图片颜色；使用去色命令将图片去色；使用浮雕效果滤镜命令为图片添加浮雕效果，如图 4-36 所示。

【效果所在位置】光盘/Ch04/效果/制作水果油画.psd。

（1）按 Ctrl + O 组合键，打开光盘中的"Ch04 > 素材 > 制作水果油画 > 01"文件，如图 4-37 所示。选择"窗口 > 历史记录"命令，弹出"历史记录"控制面板，单击面板右上方的图标 ▤，在弹出的菜单中选择"新建快照"命令，并对弹出的对话框进行设置，如图 4-38 所示，单击"确定"按钮。

图 4-36

图 4-37   图 4-38

（2）新建图层并将其命名为"黑色块"。按 Alt+Delete 组合键，用前景色填充图层，按 Ctrl+D 组合键，取消选区，在"图层"控制面板上方，将"不透明度"选项设为 80%，如图 4-39 所示，效果如图 4-40 所示。

（3）新建图层并将其命名为"油画"。选择"历史记录艺术画笔"工具，单击属性栏中的"画笔"选项，弹出画笔面板，单击面板右上方的按钮，在弹出的菜单中选择"干介质画笔"选项，弹出提示对话框，单击"追加"按钮。在面板中选择需要的画笔形状，将"主直径"选项设为 25px，不透明度设为 85%。在图像窗口中拖曳鼠标绘制图形，效果如图 4-41 所示。继续拖曳鼠标绘制图形，直到笔刷铺满图像窗口，效果如图 4-42 所示。

图 4-39   图 4-40   图 4-41   图 4-42

（4）选择"图像 > 调整 > 色相/饱和度"命令，在弹出的对话框中进行设置，如图 4-43 所示，单击"确定"按钮，图像效果如图 4-44 所示。

图 4-43   图 4-44

（5）将"油画"图层拖曳到控制面板下方的"创建新图层"按钮上进行复制，生成新图层并将其命名为"浮雕"。选择"图像 > 调整 > 去色"命令，将图像去色，效果如图 4-45 所示。

（6）在"图层"控制面板上方，将"浮雕"图层的混合模式选项设为"柔光"，如图 4-46 所示，图像效果如图 4-47 所示。

图 4-45   图 4-46   图 4-47

（7）选择"滤镜 > 风格化 > 浮雕效果"命令，在弹出的对话框中进行设置，如图 4-48 所示，单击"确定"按钮，效果如图 4-49 所示。

（8）选择"横排文字"工具 $\boxed{T}$ ，在属性栏中选择合适的字体并设置文字大小，在图像窗口的下方输入需要的墨绿色文字，选取输入的文字，按 Alt+ →组合键，适当调整文字间距，文字如图 4-50 所示，在"图层"控制面板中生成新的文字图层。至此，油画效果制作完成。

图 4-48   图 4-49   图 4-50

4.2.2 历史记录画笔工具

历史记录画笔工具是与"历史记录"控制面板结合起来使用的。主要用于将图像的部分区域恢复到以前某一历史状态，以形成特殊的图像效果。

打开一张图片，如图 4-51 所示，为图片添加滤镜效果，如图 4-52 所示，"历史记录"控制面板中的效果如图 4-53 所示。

选择"椭圆选框"工具 $\boxed{○}$ ，在其属性栏中将"羽化"选项设为 50，在图像上绘制一个椭圆形选区，如图 4-54 所示。选择"历史记录画笔"工具 $\boxed{ }$ ，在"历史记录"控制面板中单击"打开"步骤左侧的方框，设

图 4-51

置历史记录画笔的源，显示出图标 ，如图 4-55 所示。

图 4-52　　　　　　　图 4-53　　　　　　　　图 4-54　　　　　　　　图 4-55

用"历史记录画笔"工具 在选区中进行涂抹，如图 4-56 所示，取消选区后效果如图 4-57 所示。"历史记录"控制面板中的效果如图 4-58 所示。

图 4-56　　　　　　　　图 4-57　　　　　　　　图 4-58

4.2.3　历史记录艺术画笔工具

历史记录艺术画笔工具和历史记录画笔工具的用法基本相同。区别在于使用历史记录艺术画笔绘图时可以产生艺术效果。选择"历史记录艺术画笔"工具 ，其属性栏如图 4-59 所示。

图 4-59

样式：用于选择一种艺术笔触。区域：用于设置画笔绘制时所覆盖的像素范围。容差：用于设置画笔绘制时的间隔时间。

原图效果如图 4-60 所示，用颜色填充图像，效果如图 4-61 所示，"历史记录"控制面板中的效果如图 4-62 所示。

图 4-60　　　　　　　　图 4-61　　　　　　　　图 4-62

在"历史记录"控制面板中单击"打开"步骤左侧的方框，设置历史记录画笔的源，显示出图标 ，如图 4-63 所示。选择"历史记录艺术画笔"工具 ，在属性栏中如图 4-64 所示进行设置。

图 4-63   图 4-64

用"历史记录艺术画笔"工具 在图像上涂抹，效果如图 4-65 所示，"历史记录"控制面板中的效果如图 4-66 所示。

图 4-65   图 4-66

4.3   渐变工具、吸管工具和油漆桶工具

应用渐变工具可以创建多种颜色间的渐变效果；油漆桶工具可以改变图像的色彩；吸管工具可以吸取需要的色彩。

命令介绍

油漆桶工具：可以在图像或选区中，对指定色差范围内的色彩区域进行色彩或图案填充。

吸管工具：可以在图像或"颜色"控制面板中吸取颜色，并可在"信息"控制面板中观察像素点的色彩信息。

渐变工具：用于在图像或图层中形成一种色彩渐变的图像效果。

4.3.1   课堂案例——制作彩虹

【案例学习目标】学习使用渐变工具绘制彩虹，使用画笔工具制作背景效果。

【案例知识要点】使用渐变工具制作彩虹；使用橡皮擦工具和不透明度命令制作渐隐的彩虹效果；使用混合模式命令改变彩虹的颜色，彩虹效果如图 4-67 所示。

【效果所在位置】光盘/Ch02/效果/彩虹效果.psd。

图 4-67

1. 制作彩虹效果

（1）按 Ctrl+O 组合键，打开光盘中的"Ch02 > 素材 > 彩虹效果 > 01"文件，如图 4-68 所示。新建图层并将其命名为"彩虹"。选择"渐变"工具 ▨，在属性栏中单击"渐变"图标右侧的按钮 ﹀，在弹出的面板中选中"圆形彩虹"渐变，如图 4-69 所示，在属性栏中将"模式"选项设为"正常"，"不透明度"选项设为 100%，在图像窗口中由中心向下拖曳渐变色，效果如图 4-70 所示。

（2）按 Ctrl+T 组合键，图形周围出现控制手柄，调整图形的大小及位置，如图 4-71 所示，按 Enter 键确定操作。选择"橡皮擦"工具 ▨，在属性栏中单击"画笔"选项右侧的按钮 ﹀，弹出"画笔"选择面板，选择需要的画笔形状，如图 4-72 所示。在属性栏中将"不透明度"选项设为 100%，在渐变图形的下方进行涂抹，效果如图 4-73 所示。

图 4-68 　　　　　　　　图 4-69 　　　　　　　　图 4-70

图 4-71 　　　　　　　　图 4-72 　　　　　　　　图 4-73

（3）在属性栏中将"不透明度"选项设为 46%，如图 4-74 所示，在渐变图形的左侧进行涂抹，效果如图 4-75 所示。在"图层"控制面板上方，将"彩虹"图层的混合模式选项设为"滤色"，"不透明度"选项设为 60%，如图 4-76 所示，图像效果如图 4-77 所示。

图 4-74

图 4-75 　　　　　　　　图 4-76 　　　　　　　　图 4-77

2. 添加装饰图形和文字

（1）新建图层并将其命名为"画笔"。填充图层为白色。单击"图层"控制面板下方的"添加图层蒙版"按钮 ，为"画笔"图层添加蒙版，如图 4-78 所示。

（2）将前景色设为黑色。选择"画笔"工具 ，单击属性栏中的"切换画笔面板"按钮，弹出"画笔"选择面板，选择"画笔笔尖形状"选项，弹出"画笔笔尖形状"面板，选择需要的画笔形状，其他选项的设置如图 4-79 所示，在图像窗口中拖曳鼠标进行涂抹，效果如图 4-80 所示。在"图层"控制面板上方，将"画笔"图层的混合模式选项设为"溶解"，"不透明度"选项设为 30%，如图 4-81 所示，图像效果如图 4-82 所示。

图 4-78

| 图 4-79 | 图 4-80 | 图 4-81 | 图 4-82 |

（3）将前景色设为白色。选择"横排文字"工具 ，在适当的位置输入需要的文字，在属性栏中选择合适的字体并设置文字大小，效果如图 4-83 所示，在"图层"控制面板中生成新的文字图层。

（4）单击"图层"控制面板下方的"添加图层样式"按钮 fx，在弹出的菜单中选择"投影"命令，在弹出的对话框中进行设置，如图 4-84 所示。单击"描边"选项，切换到相应的对话框，将描边颜色设为红色（其 R、G、B 的值分别为 255、102、0），其他选项的设置如图 4-85 所示，单击"确定"按钮，效果如图 4-86 所示。至此，彩虹效果制作完成。

图 4-83

图 4-84

图 4-85   图 4-86

4.3.2   油漆桶工具

选择"油漆桶"工具 🖌，或反复按 Shift+G 组合键，其属性栏如图 4-87 所示。

图 4-87

前景 ⬍：在其下拉列表中选择填充的是前景色或是图案。 🖼：用于选择定义好的图案。模式：用于选择着色的模式。不透明度：用于设定不透明度。容差：用于设定色差的范围，数值越小，容差越小，填充的区域也越小。消除锯齿：用于消除边缘锯齿。连续的：用于设定填充方式。所有图层：用于选择是否对所有可见层进行填充。

选择"油漆桶"工具 🖌，在其属性栏中对"容差"选项进行不同的设定，如图 4-88 和图 4-89 所示，用油漆桶工具在图像中填充颜色，不同的填充效果如图 4-90 和图 4-91 所示。

图 4-88

图 4-89

图 4-90   图 4-91

在油漆桶工具属性栏中设置图案，如图 4-92 所示，使用油漆桶工具在图像中填充图案，效果如图 4-93 所示。

图 4-92

图 4-93

4.3.3 吸管工具

选择"吸管"工具 ，或反复按 Shift+I 组合键，其属性栏中的显示效果如图 4-94 所示。

选择"吸管"工具 ，用鼠标在图像中需要的位置单击，当前的前景色将变为吸管吸取的颜色，在"信息"控制面板中将观察到吸取颜色的色彩信息，效果如图 4-95 所示。

图 4-94

图 4-95

4.3.4 渐变工具

选择"渐变"工具 ，或反复按 Shift+G 组合键，其属性栏如图 4-96 所示。

图 4-96

渐变工具包括线性渐变工具、径向渐变工具、角度渐变工具、对称渐变工具、菱形渐变工具。

：用于选择和编辑渐变的色彩。 ：用于选择各类型的渐变工具。模式：用于选择着色的模式。不透明度：用于设定不透明度。反向：用于反向产生色彩渐变的效果。仿色：用于使渐变更平滑。透明区域：用于产生不透明度。

如果自定义渐变形式和色彩，可单击"点按可编辑渐变"按钮 ，在弹出的"渐变编辑器"对话框中进行设置，如图 4-97 所示。

图 4-97

在"渐变编辑器"对话框中，单击颜色编辑框下方的适当位置，可以增加颜色色标，如图 4-98 所示。颜色也可以进行调整，可以在对话框下方的"颜色"选项中选择颜色，或双击刚建立的颜色色标，弹出"拾色器"对话框，如图 4-99 所示，在其中选择适合的颜色，单击"确定"按钮，颜色即可改变。颜色的位置也可以进行调整，在"位置"选项的数值框中输入数值或用鼠标直接拖曳颜色色标，都可以调整颜色的位置。

图 4-98

图 4-99

任意选择一个颜色色标，如图 4-100 所示，单击对话框下方的"删除"按钮 ![删除(D)]，或按 Delete 键，可以将颜色色标删除，如图 4-101 所示。

图 4-100

图 4-101

在对话框中单击颜色编辑框左上方的黑色色标，如图 4-102 所示。调整"不透明度"选项的数值，可以使开始时的颜色到结束时的颜色显示为半透明的效果，如图 4-103 所示。

图 4-102

图 4-103

在对话框中单击颜色编辑框的上方，出现新的色标，如图 4-104 所示，调整"不透明度"选项的数值，可以使新色标的颜色向两边的颜色出现过度式的半透明效果，如图 4-105 所示。如果想删除新的色标，单击对话框下方的"删除"按钮 ![删除(D)]，或按 Delete 键，即可将其删除。

图 4-104　　　　　　　　　　　　　　　图 4-105

4.4　填充工具、定义图案命令和描边命令

应用填充命令和定义图案命令可以为图像添加颜色和定义好的图案效果，应用描边命令可以为图像描边。

命令介绍

填充命令：可以对选定的区域进行填色。

定义图案命令：可以将选中的图像定义为图案，并用此图案进行填充。

描边命令：可以将选定区域的边缘用前景色描绘出来。

4.4.1　课堂案例——制作卡片背景

【案例学习目标】应用填充命令和定义图案命令制作卡片，使用填充和描边命令制作图形。

【案例知识要点】使用自定形状工具绘制图形；使用定义图案命令定义图案；使用填充命令为选区填充颜色，如图 4-106 所示。

【效果所在位置】光盘/Ch04/效果/制作新婚卡片.psd。

（1）按 Ctrl + O 组合键，打开光盘中的"Ch04 > 素材 > 制作新婚卡片 > 01"文件，如图 4-107 所示。

图 4-106

（2）新建图层生成"图层 1"。将前景色设为粉红色（其 R、G、B 的值分别为 255、228、242）。选择"自定形状"工具 ，在属性栏中单击"形状"选项右侧的按钮 ，弹出"形状"面板，在面板中选中需要的图形，如图 4-108 所示。在属性栏中的"选择工具模式"选项中选择"像素"，按住 Shift 键的同时，在图像窗口中拖曳鼠标绘制图形，效果如图 4-109 所示。

图 4-107　　　　　　　　　　图 4-108　　　　　　　　　图 4-109

63

（3）选择"移动"工具 ，按住 Alt 键的同时，拖曳图像到适当的位置，复制图像。按 Ctrl+T 组合键，在图形周围出现变换框，将光标放在变换框的控制手柄外边，当光标变为旋转图标 ↻ 后，拖曳鼠标将图形旋转到适当的角度，并调整其大小及位置，按 Enter 键确认操作，效果如图 4-110 所示。使用相同方法绘制另一个心形，效果如图 4-111 所示。

（4）在"图层"控制面板中，选择"图层 1"图层，按住 Shift 键的同时，单击"图层 1 拷贝 2"图层，将两个图层之间的图层同时选取。按 Ctrl+E 组合键，合并图层并将其命名为"图案"，如图 4-112 所示。单击"背景"图层左侧的眼睛图标 ◉，将"背景"图层隐藏，如图 4-113 所示。

| 图 4-110 | 图 4-111 | 图 4-112 | 图 4-113 |

（5）选择"矩形选框"工具 ▢，在图像窗口中绘制矩形选区，如图 4-114 所示。选择菜单"编辑 > 定义图案"命令，弹出"图案名称"对话框，设置如图 4-115 所示，单击"确定"按钮。按 Delete 键，删除选区中的图像。按 Ctrl+D 组合键，取消选区。单击"背景"图层左侧的眼睛图标 ◉，显示出隐藏的图层。

| 图 4-114 | 图 4-115 |

（6）单击"图层"控制面板下方的"创建新的填充或调整图层"按钮 ◐，在弹出的菜单中选择"图案"命令，弹出"图案填充"对话框，设置如图 4-116 所示，单击"确定"按钮，图像效果如图 4-117 所示。

（7）按 Ctrl + O 组合键，打开光盘中的"Ch04 > 素材 > 制作新婚卡片 > 02、03"文件，选择"移动"工具 ，分别将 02、03 文字拖曳到图像窗口的适当位置，效果如图 4-118 所示，在"图层"控制面板中分别生成新图层并将其命名为"装饰"和"文字"。至此，新婚卡片制作完成。

| 图 4-116 | 图 4-117 | 图 4-118 |

4.4.2 填充命令

填充命令对话框：选择菜单"编辑 > 填充"命令，弹出"填充"对话框，如图 4-119 所示。

使用：用于选择填充方式，包括使用前景色、背景色、颜色、内容识别、图案、历史记录、黑色、50%灰色和白色进行填充。模式：用于设置填充模式。不透明度：用于调整不透明度。

填充颜色：在图像中绘制选区，如图 4-120 所示。选择菜单"编辑 > 填充"命令，弹出"填充"对话框，进行设置后效果如图 4-121 所示，单击"确定"按钮，填充的效果如图 4-122 所示。

图 4-119

图 4-120

图 4-121

图 4-122

技巧 按 Alt+Backspace 组合键，将使用前景色填充选区或图层。按 Ctrl+Backspace 组合键，将使用背景色填充选区或图层。按 Delete 键，将删除选区中的图像，露出背景色或下面的图像。

4.4.3 自定义图案

隐藏除图案外的其他图层，在图案上绘制需要的选区，如图 4-123 所示。选择菜单"编辑 > 定义图案"命令，弹出"图案名称"对话框，如图 4-124 所示，单击"确定"按钮，图案定义完成。按 Ctrl+D 组合键，取消选区。

图 4-123

图 4-124

选择菜单"编辑 > 填充"命令，弹出"填充"对话框，在"自定图案"选择框中选择新定义的图案，如图 4-125 所示，单击"确定"按钮，图案填充的效果如图 4-126 所示。

图 4-125

图 4-126

在"填充"对话框的"模式"选项中选择不同的填充模式，如图 4-127 所示，单击"确定"按钮，填充的效果如图 4-128 所示。

图 4-127

图 4-128

4.4.4　描边命令

描边命令：选择菜单"编辑 > 描边"命令，弹出"描边"对话框，如图 4-129 所示。

描边：用于设定边线的宽度和边线的颜色。位置：用于设定所描边线相对于区域边缘的位置，包括内部、居中和居外 3 个选项。混合：用于设置描边模式和不透明度。

制作描边效果：选中要描边的图像，生成选区，效果如图 4-130 所示。选择菜单"编辑 > 描边"命令，弹出"描边"对话框，如图 4-131 所示进行设定，单击"确定"按钮，按 Ctrl+D 组合键，取消选区，描边的效果如图 4-132 所示。

图 4-129

图 4-130

图 4-131

图 4-132

在"描边"对话框中，将"模式"选项设置为"叠加"，如图 4-133 所示，单击"确定"按钮，按 Ctrl+D 组合键，取消选区，描边的效果如图 4-134 所示。

图 4-133

图 4-134

课堂练习——制作油画效果

【练习知识要点】使用快照命令、不透明度命令和历史记录艺术画笔工具制作油画效果；使用去色、色相/饱和度命令调整图片的颜色；使用混合模式命令、浮雕效果滤镜为图片添加浮雕效果，效果如图 4-135 所示。

【素材所在位置】光盘/Ch04/素材/制作油画效果/01。

【效果所在位置】光盘/Ch04/效果/制作油画效果.psd。

图 4-135

课后习题——制作电视机

【习题知识要点】使用定义图案命令、不透明度命令制作背景图；使用圆角矩形工具、钢笔工具和图层样式命令制作按钮图形；使用矩形选框工具、添加图层蒙版命令制作高光图形；使用横排文字工具添加文字，效果如图 4-136 所示。

【素材所在位置】光盘/Ch04/素材/制作电视机/01。

【效果所在位置】光盘/Ch04/效果/制作电视机.psd。

图 4-136

第5章　修饰图像

本章介绍

本章将主要介绍 Photoshop CC 修饰图像的方法与技巧。通过本章的学习，学生能够掌握修饰图像的基本方法与操作技巧，并且可以应用相关工具快速地仿制图像、修复污点、消除红眼和把有缺陷的图像修复完整。

学习目标

- 掌握修复与修补工具的运用方法。
- 掌握图案图章工具、颜色替换工具的使用技巧。
- 掌握仿制图章工具、红眼工具和污点修复画笔工具的使用技巧。
- 掌握模糊工具、锐化工具、加深工具和减淡工具的使用技巧。
- 掌握海绵工具、涂抹工具和橡皮擦工具的使用技巧。

技能目标

- 掌握"去除眼袋皱纹"的制作方法。
- 掌握"修复人物照片"的制作方法。
- 掌握"装饰画"的制作方法。
- 掌握"文字变形效果"的制作方法。

5.1 修复与修补工具

修图工具用于对图像的细微部分进行修整，是在处理图像时不可缺少的工具。

命令介绍

修补工具：可以用图像中的其他区域来修补当前选中的需要修补的区域，也可以使用图案来修补区域。

图案图章工具：可以以预先定义的图案为复制对象进行复制。

5.1.1 课堂案例——去除眼袋皱纹

【案例学习目标】学习使用修复画笔工具修饰人物效果。

【案例知识要点】使用修复画笔工具去除眼袋，效果如图 5-1 所示。

【效果所在位置】光盘/Ch05/效果/去除眼袋皱纹.psd

（1）按 Ctrl + O 组合键，打开光盘中的"Ch05 > 素材 > 去除眼袋皱纹 > 01"文件，如图 5-2 所示。选择"缩放"工具 🔍，将图片放大到适当的大小。

图 5-1

（2）选择"修复画笔"工具 ✐，按住 Alt 键的同时，在人物面部皮肤较好的地方单击鼠标左键，选择取样点，如图 5-3 所示。用光标在要去除的眼袋上涂抹，取样点区域的图像应用到涂抹的眼袋上，如图 5-4 所示。

图 5-2

图 5-3

图 5-4

（3）多次进行操作，将右边的眼袋修复。用相同的方法，将左边的眼袋修复，效果如图 5-5 所示。至此，去除眼袋皱纹制作完成，效果如图 5-6 所示。

图 5-5

图 5-6

5.1.2 修补工具

修补工具：选择"修补"工具 ，或反复按 Shift+J 组合键，其属性栏如图 5-7 所示。

图 5-7

新选区 ：去除旧选区，绘制新选区。添加到选区 ：在原有选区的上面再增加新的选区。从选区减去 ：在原有选区上减去新选区的部分。与选区交叉 ：选择新旧选区重叠的部分。

使用修补工具：用"修补"工具 圈选图像中的玫瑰花，如图 5-8 所示。选择修补工具属性栏中的"源"选项，在选区中单击并按住鼠标不放，移动鼠标将选区中的图像拖曳到需要的位置，如图 5-9 所示。释放鼠标，选区中的玫瑰花被新放置的选取位置的图像所修补，按 Ctrl+D 组合键，取消选区，修补的效果如图 5-10 所示。

图 5-8　　　　　　　　　　　图 5-9　　　　　　　　　　　图 5-10

用"修补"工具 圈选图像中的区域，如图 5-11 所示。选择修补工具属性栏中的"目标"选项，再将选区拖曳到要修补的图像区域，如图 5-12 所示，圈选区域中的图像修补了玫瑰花图像，按 Ctrl+D 组合键，取消选区，修补效果如图 5-13 所示。

图 5-11　　　　　　　　　　　图 5-12　　　　　　　　　　　图 5-13

5.1.3 修复画笔工具

修复画笔工具：选择"修复画笔"工具 ，或反复按 Shift+J 组合键，属性栏如图 5-14 所示。

图 5-14

模式：在其弹出的菜单中可以选择复制像素或填充图案与底图的混合模式。源：选择"取样"选项后，按住 Alt 键，光标变为圆形十字图标，单击确定样本的取样点，释放鼠标，在图像中要修复的位置单击并按住鼠标不放，拖曳鼠标复制出取样点的图像；选择"图案"选项后，在"图案"面板中选择图案或自定义图案来填充图像。对齐：勾选此复选框，下一次的复制位置会和上次的完全重合。图像不会因为重新复制而出现错位。

设置修复画笔：可以选择修复画笔的大小。单击"画笔"选项右侧的按钮，在弹出的"画笔"面板中，可以设置画笔的直径、硬度、间距、角度、圆度和压力大小，如图 5-15 所示。

使用修复画笔工具："修复画笔"工具可以将取样点的像素信息非常自然的复制到图像的破损位置，并保持图像的亮度、饱和度和纹理等属性。使用"修复画笔"工具修复照片的过程如图 5-16、图 5-17 和图 5-18 所示。

图 5-15

图 5-16

图 5-17

图 5-18

使用仿制源面板：单击属性栏中的"切换仿制源面板"按钮，弹出"仿制源"控制面板，如图 5-19 所示。

仿制源：激活按钮后，按住 Alt 键的同时使用修复画笔工具在图像中单击，可设置取样点。单击下一个仿制源按钮，还可以继续取样。

源：指定 x 轴和 y 轴的像素位移，可以在相对于取样点的精确位置进行仿制。

W/H：可以缩放所仿制的源。

旋转：在文本框中输入旋转角度，可以旋转仿制的源。

图 5-19

翻转：单击"水平翻转"按钮或"垂直翻转"按钮，可水平或垂直翻转仿制源。

"复位变换"按钮：将 W、H、角度值和翻转方向恢复到默认的状态。

帧位移：输入帧数，可以使用与初始取样的帧相关的特定帧进行绘制。输入正值时，要使用的帧在初始取样的帧之后；输入负值时，要使用的帧在初始取样的帧之前。

锁定帧：勾选此复选框，则总是使用初始取样的相同帧进行绘制。

显示叠加：勾选此复选框并设置了叠加方式后，在使用修复工具时，可以更好地查看叠加效果以及下面的图像。

不透明度：用来设置叠加图像的不透明度。

已剪切：可将叠加剪切到画笔大小。

自动隐藏：可以在应用绘画描边时隐藏叠加。

反相：可反相叠加颜色。

5.1.4 图案图章工具

选择"图案图章"工具 ，或反复按 Shift+S 组合键，其属性栏如图 5-20 所示。

图 5-20

使用图案图章工具：选择"图案图章"工具 ，在要定义为图案的图像上绘制选区，如图 5-21 所示。选择菜单"编辑 > 定义图案"命令，弹出"图案名称"对话框，如图 5-22 所示，单击"确定"按钮，定义选区中的图像为图案。

图 5-21   图 5-22

在图案图章工具属性栏中选择定义好的图案，如图 5-23 所示，按 Ctrl+D 组合键，取消图像中的选区。选择"图案图章"工具 ，在合适的位置单击并按住鼠标不放，拖曳鼠标复制出定义好的图案，效果如图 5-24 所示。

图 5-23   图 5-24

5.1.5 颜色替换工具

颜色替换工具能够简化图像中特定颜色的替换。可以使用校正颜色在目标颜色上绘画。颜色替换工具不适用于"位图"、"索引"或"多通道"颜色模式的图像。

选择"颜色替换"工具 ，其属性栏如图 5-25 所示。

图 5-25

使用颜色替换工具：原始图像的效果如图 5-26 所示，调出"颜色"控制面板和"色板"控制面板，在"颜色"控制面板中设置前景色，如图 5-27 所示，在"色板"控制面板中单击"创建前景色的新色板"按钮 ，将设置的前景色存放在控制面板中，如图 5-28 所示。

图 5-26

图 5-27

图 5-28

选择"颜色替换"工具 ，在属性栏中进行设置，如图 5-29 所示，在图像上需要上色的区域直接涂抹，进行上色，效果如图 5-30 所示。

图 5-29

图 5-30

命令介绍

仿制图章工具：可以以指定的像素点为复制基准点，将其周围的图像复制到其他地方。

红眼工具：可以去除用闪光灯拍摄的人物照片中的红眼，也可以去除用闪光灯拍摄的照片中的白色或绿色反光。

污点修复画笔工具：其工作方式与修复画笔工具相似，使用图像中的样本像素进行绘画，并将样本像素的纹理、光照、透明度和阴影与所修复的像素相匹配。

5.1.6 课堂案例——修复人物照片

【案例学习目标】学习多种修图工具修复人物照片。

【案例知识要点】使用缩放命令调整图像大小；使用红眼工具去除人物红眼；使用仿制图章工具修复人物图像上的斑纹；使用模糊工具模糊图像；使用污点修复画笔工具修复人物脖子上的斑纹，如图 5-31 所示。

图 5-31

【效果所在位置】光盘/Ch05/效果/修复人物照片.psd。

1．修复人物红眼

（1）按 Ctrl + O 组合键，打开光盘中的"Ch05 > 素材 > 修复人物照片 > 01"文件，如图 5-32 所示。选择"缩放"工具 ，在图像窗口中光标变为放大工具图标 ，单击鼠标将图像放大，如图 5-33 所示。

（2）选择"红眼"工具 ，属性栏中的设置为默认值，在人物眼睛上的红色区域单击鼠标，去除红眼，效果如图 5-34 所示。

图 5-32　　　　　　　图 5-33　　　　　　　图 5-34

2．修复人物脸部斑纹

（1）选择"仿制图章"工具，在属性栏中单击"画笔"选项右侧的按钮，弹出"画笔"选择面板，在面板中选择需要的画笔形状，将"大小"选项设为 35px，如图 5-35 所示。将仿制图章工具放在脸部需要取样的位置，按住 Alt 键，光标变为圆形十字图标，如图 5-36 所示，单击鼠标确定取样点。将光标放置在需要修复的斑纹上，如图 5-37 所示，单击鼠标去掉斑纹，效果如图 5-38 所示。使用相同的方法，去除人物脸部的所有斑纹，效果如图 5-39 所示。

图 5-35　　　　　图 5-36　　　图 5-37　　　图 5-38　　　　图 5-39

（2）选择"模糊"工具，在属性栏中将"强度"选项设为 100%，如图 5-40 所示。单击"画笔"选项右侧的按钮，弹出"画笔"选择面板，在面板中选择需要的画笔形状，将"大小"选项设为 200px，如图 5-41 所示。在人物脸部进行涂抹，让脸部图像变得自然柔和，效果如图 5-42 所示。

图 5-40

图 5-41　　　　　　　　　图 5-42

（3）选择"缩放"工具 🔍，在图像窗口中单击鼠标将图像放大，效果如图 5-43 所示。选择"污点修复画笔"工具 🖌️，单击"画笔"选项右侧的按钮 ，弹出"画笔"选择面板，在面板中进行设置，如图 5-44 所示。用鼠标在斑纹上单击，如图 5-45 所示，斑纹被清除，如图 5-46 所示。用相同的方法清除脖子上的其他斑纹。人物照片效果修复完成，如图 5-47 所示。

图 5-43　　　　　图 5-44　　　　　图 5-45　　　　　图 5-46　　　　　图 5-47

5.1.7　仿制图章工具

选择"仿制图章"工具 🎯，或反复按 Shift+S 组合键，其属性栏如图 5-48 所示。

图 5-48

画笔：用于选择画笔。模式：用于选择混合模式。不透明度：用于设定不透明度。流量：用于设定扩散的速度。对齐：用于控制是否在复制时使用对齐功能。

使用仿制图章工具：选择"仿制图章"工具 🎯，将"仿制图章"工具 🎯放在图像中需要复制的位置，按住 Alt 键，光标变为圆形十字图标 ⊕，如图 5-49 所示，单击定下取样点，释放鼠标，在合适的位置单击并按住鼠标不放，拖曳鼠标复制出取样点的图像，效果如图 5-50 所示。

图 5-49　　　　　图 5-50

5.1.8　红眼工具

选择"红眼"工具 👁️，或反复按 Shift+J 组合键，其属性栏如图 5-51 所示。
瞳孔大小：用于设置瞳孔的大小。变暗量：用于设置瞳孔的暗度。

👁️ ▾ | 瞳孔大小：50% ▾ | 变暗量：50% ▾

图 5-51

5.1.9　污点修复画笔工具

污点修复画笔工具不需要制定样本点，将自动从所修复区域的周围取样。
选择"污点修复画笔"工具 🖌️，或反复按 Shift+J 组合键，属性栏如图 5-52 所示。

图 5-52

使用污点修复画笔工具：原始图像如图 5-53 所示，选择"污点修复画笔"工具 ，在"污点修复画笔"工具属性栏中，如图 5-54 所示进行设定，在要修复的污点图像上拖曳鼠标，如图 5-55 所示，释放鼠标，污点被去除，效果如图 5-56 所示。

图 5-53

图 5-54

图 5-55

图 5-56

5.2　修饰工具

修饰工具用于对图像进行修饰，使图像产生不同的变化效果。

命令介绍

模糊工具：可以使图像的色彩变模糊。

锐化工具：可以使图像的色彩变强烈。

加深工具：可以使图像的区域变暗。

减淡工具：可以使图像的亮度提高。

5.2.1　课堂案例——制作装饰画

【案例学习目标】使用多种修饰工具调整图像颜色。

【案例知识要点】使用加深工具、减淡工具、锐化工具和模糊工具制作图像，如图 5-57 所示。

【效果所在位置】光盘/Ch05/效果/制作装饰画.psd。

（1）按 Ctrl + O 组合键，打开光盘中的"Ch05 > 素材 > 制作装饰画 > 01、02"文件。选择"移动"工具 ，将 02 图片拖曳到 01 图像窗口中适当的位置，如图 5-58 所示，在"图层"控制面板中生成新的图层并将其命名为"小熊"。

图 5-57

（2）选择"减淡"工具 ，在属性栏中单击"画笔"选项右侧的按钮 ，弹出"画笔"选择面板，在面板中选择需要的画笔形状，将"大小"选项设为 60 像素，如图 5-59 所示。在小熊图像中适当的位置拖曳鼠标，效果如图 5-60 所示。

| 图 5-58 | 图 5-59 | 图 5-60 |

（3）选择"加深"工具 ，在属性栏中单击"画笔"选项右侧的按钮 ，弹出"画笔"选择面板，在面板中选择需要的画笔形状，将"大小"选项设为 45 像素，如图 5-61 所示。在小熊图像中适当的位置拖曳鼠标，效果如图 5-62 所示。

| 图 5-61 | 图 5-62 |

（4）选择"锐化"工具 ，在属性栏中单击"画笔"选项右侧的按钮 ，弹出"画笔"选择面板，在面板中选择需要的画笔形状，将"大小"选项设为 60 像素，如图 5-63 所示。在小熊图像中适当的位置拖曳鼠标，效果如图 5-64 所示。

| 图 5-63 | 图 5-64 |

（5）选择"模糊"工具 ，在属性栏中单击"画笔"选项右侧的按钮 ，弹出"画笔"选择面板，在面板中选择需要的画笔形状，将"大小"选项设为 20 像素，如图 5-65 所示。在小熊图像中适当的

位置拖曳鼠标，效果如图 5-66 所示。

（6）按 Ctrl + O 组合键，打开光盘中的"Ch05 > 素材 > 制作装饰画 > 03"文件，选择"移动"工具 ，将文字拖曳到图像窗口的左上方，如图 5-67 所示，在"图层"控制面板中生成新的图层并将其命名为"文字"。至此，装饰画效果制作完成。

图 5-65　　　　　　　图 5-66　　　　　　　图 5-67

5.2.2　模糊工具

选择"模糊"工具 ，其属性栏如图 5-68 所示。

图 5-68

画笔：用于选择画笔的形状。模式：用于设定模式。强度：用于设定压力的大小。

对所有图层取样：用于确定模糊工具是否对所有可见层起作用。

使用模糊工具：选择"模糊"工具 ，在模糊工具属性栏中，如图 5-69 所示进行设定，在图像中单击并按住鼠标不放，拖曳鼠标使图像产生模糊的效果。原图像和模糊后的图像效果如图 5-70 和图 5-71 所示。

图 5-69　　　　　　　　　　　　　　图 5-70　　　　　图 5-71

5.2.3　锐化工具

选择"锐化"工具 ，属性栏如图 5-72 所示。其属性栏中的内容与模糊工具属性栏的选项内容类似。

图 5-72

使用锐化工具：选择"锐化"工具 △ ，在锐化工具属性栏中，如图 5-73 所示进行设定，在图像中的字母上单击并按住鼠标不放，拖曳鼠标使字母图像产生锐化的效果。原图像和锐化后的图像效果如图 5-74 和图 5-75 所示。

图 5-73

图 5-74   图 5-75

5.2.4　加深工具

选择"加深"工具 ，或反复按 Shift+O 组合键，其属性栏如图 5-76 所示。其属性栏中的内容与减淡工具属性栏选项内容的作用正好相反。

图 5-76

使用加深工具：选择"加深"工具 ，在加深工具属性栏中，如图 5-77 所示进行设定，在图像中文字的部分单击并按住鼠标不放，拖曳鼠标使文字图像产生加深的效果。原图像和加深后的图像效果如图 5-78 和图 5-79 所示。

图 5-77   图 5-78   图 5-79

5.2.5　减淡工具

选择"减淡"工具 ，或反复按 Shift+O 组合键，其属性栏如图 5-80 所示。

图 5-80

画笔：用于选择画笔的形状。范围：用于设定图像中所要提高亮度的区域。曝光度：用于设定曝光的强度。

使用减淡工具：选择"减淡"工具 ，在减淡工具属性栏中，如图 5-81 所示进行设定，在图像中文字的部分单击并按住鼠标不放，拖曳鼠标使文字图像产生减淡的效果。原图像和减淡后的图像效果如图 5-82 和图 5-83 所示。

图 5-81　　　　　　　　　　图 5-82　　　　　　图 5-83

5.2.6　海绵工具

选择"海绵"工具 ，或反复按 Shift+O 组合键，其属性栏如图 5-84 所示。

图 5-84

画笔：用于选择画笔的形状。模式：用于设定加色处理方式。流量：用于设定扩散的速度。

使用海绵工具：选择"海绵"工具 ，在海绵工具属性栏中，如图 5-85 所示进行设定，在图像中文字的部分单击并按住鼠标不放，拖曳鼠标使文字图像增加色彩饱和度。原图像和使用海绵工具后的图像效果如图 5-86 和图 5-87 所示。

图 5-85　　　　　　　　　　图 5-86　　　　　　图 5-87

5.2.7　涂抹工具

选择"涂抹"工具 ，其属性栏如图 5-88 所示。其属性栏中的内容与模糊工具属性栏的选项内容类似，增加的"手指绘画"复选框，用于设定是否按前景色进行涂抹。

图 5-88

使用涂抹工具：选择"涂抹"工具 ，在涂抹工具属性栏中，如图 5-89 所示进行设定，在图像中文字的部分单击并按住鼠标不放，拖曳鼠标使文字产生卷曲的效果。原图像和涂抹后的图像效果如图 5-90 和图 5-91 所示。

图 5-89

图 5-90   图 5-91

5.3 橡皮擦工具

擦除工具包括橡皮擦工具、背景橡皮擦工具和魔术橡皮擦工具，应用擦除工具可以擦除指定图像的颜色，还可以擦除颜色相近区域中的图像。

命令介绍

橡皮擦工具：可以用背景色擦除背景图像或用透明色擦除图层中的图像。
背景色橡皮擦工具：可以用来擦除指定的颜色，指定的颜色显示为背景色。
魔术橡皮擦工具：可以自动擦除颜色相近区域中的图像。

5.3.1 课堂案例——制作文字变形效果

【案例学习目标】学习使用绘图工具绘制图形，使用擦除工具擦除多余的图像。

【案例知识要点】使用文字工具添加文字；使用矩形选框工具绘制选区；使用自定形状工具制作装饰图形；使用画笔描边路径为路径进行描边，如图 5-92 所示。

【效果所在位置】光盘/Ch05/效果/制作文字变形.psd。

1. 制作装饰图形

（1）按 Ctrl + O 组合键，打开光盘中的"Ch05 > 素材 > 制

图 5-92

作文字变形 > 01"文件，图像效果如图 5-93 所示。选择"横排文字"工具，在属性栏中选择合适的字体并设置大小，在图像窗口中光标变为图标，单击鼠标左键，此时出现一个文字的插入点，输入需要的白色文字，如图 5-94 所示，在"图层"控制面板中生成新的文字图层，如图 5-95 所示。

图 5-93   图 5-94   图 5-95

（2）在文字图层上单击鼠标右键，在弹出的菜单中选择"栅格化文字"命令，将文字图层转换为图像图层，如图 5-96 所示。单击"图层"控制面板下方的"创建新图层"按钮 ，生成新的图层并将其命名为"矩形"。选择"矩形选框"工具 ，选中属性栏中的"添加到选区"按钮 ，在字母"S"的上方和下方分别绘制选区，如图 5-97 所示。

图 5-96　　　　　　　　　　　　　　图 5-97

（3）按 D 键，将工具箱中的前景色和背景色恢复为默认的黑白两色。按 Ctrl+Delete 组合键，用白色填充选区，按 Ctrl+D 组合键，取消选区，效果如图 5-98 所示。选择"缩放"工具 ，在图像窗口中光标变为放大工具 ，单击鼠标放大图像，效果如图 5-99 所示。

图 5-98　　　　　　　　　　　　　　图 5-99

（4）选择"橡皮擦"工具 ，在属性栏中单击"画笔"选项右侧的按钮 ，弹出"画笔"选择面板，在面板中选择需要的画笔形状，如图 5-100 所示。属性栏中的设置为默认值，拖曳鼠标擦除字母"S"上多余的白色块，效果如图 5-101 所示。

图 5-100　　　　　　　　　　　　　图 5-101

（5）单击"图层"控制面板下方的"创建新图层"按钮 ，生成新的图层并将其命名为"矩形 2"。选择"矩形选框"工具 ，在字母"K"的上方和下方分别绘制选区，如图 5-102 所示。按 Ctrl+Delete 组合键，用白色填充选区，然后按 Ctrl+D 组合键，取消选区。选择"缩放"工具 ，在图像窗口中

光标变为放大工具 ⊕ ，单击鼠标放大图像，如图 5-103 所示。

图 5-102　　　　　　　　　　　　　　　图 5-103

（6）选择"橡皮擦"工具 ✐ ，选项的设置同上，在图像窗口中拖曳鼠标擦除字母"K"上多余的白色块，效果如图 5-104 所示。

（7）单击"图层"控制面板下方的"创建新图层"按钮 ◨ ，生成新的图层并将其命名为"矩形 3"。选择"矩形选框"工具 ▣ ，在图像窗口中绘制多个选区，如图 5-105 所示。用前景色填充选区后取消选区，效果如图 5-106 所示。

图 5-104　　　　　　图 5-105　　　　　　图 5-106

（8）单击"图层"控制面板下方的"创建新图层"按钮 ◨ ，生成新的图层并将其命名为"矩形 4"。选择"矩形选框"工具 ▣ ，在字母"G"的上方绘制选区。用白色填充选区后取消选区，效果如图 5-107 所示。选择"橡皮擦"工具 ✐ ，选项的设置同上，在字母"G"上拖曳鼠标擦除多余的白色块，效果如图 5-108 所示。

图 5-107　　　　　　　　　　　　　　　图 5-108

2．制作鸟图形

（1）单击"图层"控制面板下方的"创建新图层"按钮 ◨ ，生成新图层并将其命名为"白色描边"。选择"自定形状"工具 ✿ ，在属性栏中单击"形状"选项右侧的按钮 ，弹出"形状"面板，单击右上方的按钮 ✿ ，在弹出的菜单中选择"全部"选项，弹出提示对话框，单击"追加"按钮。在"形状"面板中选中"鸟 2"图形，如图 5-109 所示。在属性栏中的"选择工具模式"选项中选择"路径"按钮 路径 ，在图像窗口中绘制路径，效果如图 5-110 所示。

图 5-109　　　　　　　　　　　　　图 5-110

（2）选择"画笔"工具 ，在属性栏中单击"画笔"选项右侧的按钮 ，弹出"画笔"选择面板，在面板中选择需要的画笔形状，如图 5-111 所示。单击"路径"控制面板下方的"用画笔描边路径"按钮 ，在控制面板空白处单击鼠标隐藏路径，如图 5-112 所示，图像效果如图 5-113 所示。将"白色描边"图层拖曳到控制面板下方的"创建新图层"按钮 上进行复制，生成新的副本图层"白色描边 副本"，如图 5-114 所示，选择"移动"工具 ，将复制图形拖曳到适当的位置并调整其大小，效果如图 5-115 所示。

图 5-111　　　　　　　图 5-112　　　　　　　图 5-113

图 5-114　　　　　　　图 5-115

（3）按 Ctrl + O 组合键，打开光盘中的"Ch05 > 素材 > 制作文字变形 > 02"文件，选择"移动"工具 ，将文字拖曳到图像窗口的左上方，效果如图 5-116 所示，在"图层"控制面板中生成新的图层并将其命名为"文字说明"。至此，文字的变形效果制作完成，如图 5-117 所示。

图 5-116   图 5-117

5.3.2　橡皮擦工具

选择"橡皮擦"工具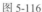，或反复按 Shift+E 组合键，其属性栏如图 5-118 所示。

图 5-118

画笔预设：用于选择橡皮擦的形状和大小。模式：用于选择擦除的笔触方式。不透明度：用于设定不透明度。流量：用于设定扩散的速度。抹到历史记录：用于确定以"历史"控制面板中确定的图像状态来擦除图像。

使用橡皮擦工具：选择"橡皮擦"工具，在图像中单击并按住鼠标拖曳，可以擦除图像。用背景色的白色擦除图像后效果如图 5-119 所示。用透明色擦除图像后效果如图 5-120 所示。

图 5-119   图 5-120

5.3.3　背景色橡皮擦工具

选择"背景橡皮擦"工具，或反复按 Shift+E 组合键，其属性栏如图 5-121 所示。

图 5-121

画笔预设：用于选择橡皮擦的形状和大小。限制：用于选择擦除界限。容差：用于设定容差值。保护前景色：用于保护前景色不被擦除。

使用背景色橡皮擦工具：选择"背景色橡皮擦"工具，在背景色橡皮擦工具属性栏中，如图 5-122 所示进行设定，在图像中使用背景色橡皮擦工具擦除图像，擦除前后的对比效果如图 5-123 和图 5-124 所示。

图 5-122

图 5-123

图 5-124

5.3.4 魔术橡皮擦工具

选择"魔术橡皮擦"工具，或反复按 Shift+E 组合键，其属性栏如图 5-125 所示。

图 5-125

容差：用于设定容差值，容差值的大小决定"魔术橡皮擦"工具擦除图像的面积。消除锯齿：用于消除锯齿。连续：作用于当前层。对所有图层取样：作用于所有层。不透明度：用于设定不透明度。

使用魔术橡皮擦工具：选择"魔术橡皮擦"工具，魔术橡皮擦工具属性栏中的选项为默认值，用"魔术橡皮擦"工具擦除图像，效果如图 5-126 所示。

图 5-126

课堂练习——清除照片中的涂鸦

【练习知识要点】使用修复画笔工具清除文字，清除照片中的涂鸦效果如图 5-127 所示。

【素材所在位置】光盘/Ch05/素材/清除照片中的涂鸦/01。

【效果所在位置】光盘/Ch05/效果/清除照片中的涂鸦.psd。

图 5-127

课后习题——花中梦精灵

【习题知识要点】使用红眼工具去除孩子的红眼，使用加深工具和减淡工具改变花图形的颜色。花中梦精灵效果如图 5-128 所示。

【素材所在位置】光盘/Ch05/素材/花中梦精灵/01~03。

【效果所在位置】光盘/Ch05/效果/花中梦精灵.psd。

图 5-128

第6章 编辑图像

本章介绍

本章将主要介绍 Photoshop CC 编辑图像的基础方法，包括应用图像编辑工具、调整图像的尺寸、移动或复制图像、裁剪图像和变换图像等。通过本章的学习，学生能够掌握图像的编辑方法和应用技巧，并且可以应用命令对图像进行适当的编辑与调整。

学习目标

- 掌握注释类工具的使用方法。
- 掌握标尺工具的使用方法。
- 掌握抓手工具的使用方法。
- 掌握选区中图像的移动、复制和删除的使用方法。
- 掌握图像的裁切和变换的使用方法。

技能目标

- 掌握"为心爱的照片添加注释"的制作方法。
- 掌握"音量调节器"的制作方法。
- 掌握"产品手提袋"的制作方法。

6.1 图像编辑工具

使用图像编辑工具对图像进行编辑和整理，可以提高用户编辑和处理图像的效率。

命令介绍

标尺工具：可以在图像中测量任意两点之间的距离，并可以用来测量角度。

注释工具：可以为图像增加文字注释，从而起到提示作用。

6.1.1 课堂案例——为心爱的照片添加注释

【案例学习目标】学习使用注释类工具制作出需要的效果。

【案例知识要点】使用附注工具为心爱的照片加注释，效果如图 6-1 所示。

【效果所在位置】光盘/Ch06/效果/为心爱的照片添加注释.psd。

（1）按 Ctrl+O 组合键，打开光盘中"Ch06 > 素材 > 为心爱的照片添加注释 > 01"文件，如图 6-2 所示。

（2）选择"注释"工具 ，在属性栏中的"作者"选项文本框中输入"朋友们的联欢"，其他选项的设置如图 6-3 所示。

（3）在图像中单击鼠标左键，弹出图像的注释面板，如图 6-4 所示。在面板中输入注释文字，效果如图 6-5 所示。至此，为心爱的照片添加注释效果制作完成。

图 6-1

图 6-2

图 6-3

图 6-4

图 6-5

6.1.2 注释类工具

注释类工具可以为图像增加文字注释。

选择"注释"工具 ，或反复按 Shift+I 组合键，注释工具的属性栏如图 6-6 所示。

图 6-6

作者：用于输入作者姓名。颜色：用于设置注释窗口的颜色。清除全部：用于清除所有注释。"显示或隐藏注释面板"按钮 ：用于打开注释面板，编辑注释文字。

6.1.3 标尺工具

选择"标尺"工具，或反复按 Shift+I 组合键，标尺工具的属性栏如图 6-7 所示。

| ┅ ▾ | X: 0.00 | Y: 0.00 | W: 0.00 | H: 0.00 | A: 0.0° | L1: 0.00 | L2: | □ 使用测量比例 | 拉直图层 | 清除 |

图 6-7

6.1.4 抓手工具

选择"抓手"工具，在图像中光标变为抓手，在放大的图像中拖曳鼠标，可以观察图像的每个部分，效果如图 6-8 所示。直接用鼠标拖曳图像周围的垂直和水平滚动条，也可观察图像的每个部分，效果如图 6-9 所示。

图 6-8

图 6-9

技巧 如果正在使用其他的工具进行工作，按住 Spacebar 键，可以快速地切换到"抓手"工具。

6.2 图像的移动、复制和删除

在 Photoshop CC 中，可以非常便捷地移动、复制和删除图像。

命令介绍

图像的移动：可以应用移动工具将图层中的整幅图像或选定区域中的图像移动到指定位置。

图像的复制：可以应用菜单命令或快捷键将需要的图像复制出一个或多个。

图像的删除：可以应用菜单命令或快捷键将不需要的图像进行删除。

6.2.1 课堂案例——制作音量调节器

【案例学习目标】学习使用移动工具移动、复制图像。

【案例知识要点】使用移动工具和复制命令制作装饰图形；使用橡皮擦工具擦除不需要的图像，效果如图 6-10 所示。

【效果所在位置】光盘/Ch06/效果/制作音量调节器.psd。

（1）按 Ctrl + O 组合键，打开光盘中的"Ch06 > 素材 > 制作音量调节器 > 01"文件，如图 6-11 所示。

（2）新建图层并将其命名为"圆"。选择"椭圆选框"工具 ，按住 Shift 键的同时，在图像窗口中绘制一个圆形选区。选择"渐变"工具 ，单击属性栏中的"点按可编辑渐变"按钮 ，弹出"渐变编辑器"对话框，将渐变色设为从白色到灰色（其 R、G、B 的值分别为 196、196、196），如图 6-12 所示，单击"确定"按钮。选中属性栏中的

图 6-10

"径向渐变"按钮 ，按住 Shift 键的同时，在选区中拖曳渐变色，效果如图 6-13 所示，按 Ctrl+D 组合键，取消选区。

图 6-11　　　　　　　图 6-12　　　　　　　图 6-13

（3）单击"图层"控制面板下方的"添加图层样式"按钮 fx，在弹出的菜单中选择"投影"命令，弹出对话框，选项的设置如图 6-14 所示，单击"确定"按钮，效果如图 6-15 所示。

图 6-14　　　　　　　　　　　图 6-15

（4）新建图层并将其命名为"圆 2"。将前景色设为灰白色（其 R、G、B 的值分别为 240、240、240）。选择"椭圆选框"工具 ，按住 Shift 键的同时，在图像窗口中绘制一个圆形选区，如图 6-16 所示。按 Alt+Delete 组合键，用前景色填充选区。按 Ctrl+D 组合键，取消选区，效果如图 6-17 所示。

（5）新建图层并将其命名为"圆 3"。将前景色设为黑色。选择"椭圆选框"工具 ，按住 Shift 键的同时，在图像窗口中绘制一个圆形选区。按 Alt+Delete 组合键，用前景色填充选区。按 Ctrl+D 组合键，取消选区，效果如图 6-18 所示。

图 6-16 　　　　　　　　　图 6-17 　　　　　　　　　图 6-18

（6）新建图层并将其命名为"图层 3"。将前景色设为白色。选择"椭圆选框"工具 ，按住 Shift 键的同时，在图像窗口中绘制一个圆形选区。按 Alt+Delete 组合键，用前景色填充选区。按 Ctrl+D 组合键，取消选区，效果如图 6-19 所示。

（7）在"图层"控制面板中，将"图层 3"图层拖曳到"创建新图层"按钮 上进行复制，生成新的副本图层。选择"移动"工具 ，将复制出的副本图形拖曳到适当的位置，效果如图 6-20 所示。用相同的方法复制出多个图形，并分别拖曳到适当的位置，效果如图 6-21 所示。

图 6-19 　　　　　　　　　图 6-20 　　　　　　　　　图 6-21

（8）选中"图层 3"图层，按住 Shift 键的同时，单击"图层 3 拷贝 23"图层，将两个图层间的所有图层同时选取，如图 6-22 所示。按 Ctrl+E 组合键，合并图层并将其命名为"点"，如图 6-23 所示。

图 6-22 　　　　　　　　　图 6-23

（9）单击"图层"控制面板下方的"添加图层样式"按钮 ，在弹出的菜单中选择"渐变叠加"命令，切换到相应的对话框，单击"点按可编辑渐变"按钮 ，弹出"渐变编辑器"对话框，将渐变颜色设为从红色（其 R、G、B 的值分别为 230、0、18）到黄色（其 R、G、B 的值分别为 255、241、0），如图 6-24 所示，单击"确定"按钮，返回到"渐变叠加"对话框，选项的设置如图 6-25 所示。

图 6-24

图 6-25

（10）选择"外发光"选项，切换到相应的对话框，选项的设置如图 6-26 所示。选择"投影"选项，切换到相应的对话框，选项的设置如图 6-27 所示，单击"确定"按钮，效果如图 6-28 所示。

（11）将前景色设为白色。选择"横排文字"工具 T，分别输入需要的文字，在属性栏中选择合适的字体并设置文字大小，效果如图 6-29 所示，在控制面板中生成新的文字图层。至此，音量调节器制作完成。

图 6-26

图 6-27

图 6-28

图 6-29

6.2.2 图像的移动

在同一文件中移动图像：打开素材文件，绘制选区，如图 6-30 所示。选择"移动"工具 ，在属性栏中勾选"自动选择"复选框，并将"自动选择"选项设为"图层"，如图 6-31 所示，用鼠标选中心形图案，心形图案所在图层被选中，将心形图案向右拖曳，效果如图 6-32 所示。

图 6-30　　　　　　　　图 6-31　　　　　　　　图 6-32

在不同文件中移动图像：打开一幅人物图片，将人物图片拖曳到风景图像中，光标变为 图标，如图 6-33 所示，释放鼠标，人物图片被移动到风景图像中，效果如图 6-34 所示。

图 6-33　　　　　　　　　　　图 6-34

6.2.3　图像的复制

如果在操作过程中随时按需要复制图像，就必须掌握复制图像的方法。在复制图像前，要选择将要复制的图像区域，如果不选择图像区域，将不能复制图像。

使用移动工具复制图像：绘制选区后的图像如图 6-35 所示。 选择"移动"工具 ，将鼠标放在选区中，光标变为 图标，如图 6-36 所示，按住 Alt 键，光标变为 图标，如图 6-37 所示，单击鼠标并按住不放，拖曳选区中的图像到适当的位置，释放鼠标和 Alt 键，图像复制完成，效果如图 6-38 所示。

图 6-35　　　　　　图 6-36　　　　　　图 6-37　　　　　　图 6-38

使用菜单命令复制图像：绘制选区后的图像，如图 6-39 所示，选择菜单"编辑 > 拷贝"命令或按 Ctrl+ C 组合键，将选区中的图像复制，这时屏幕上的图像并没有变化，但系统已将拷贝的图像复制到剪贴板中。

选择菜单"编辑 > 粘贴"命令或按 Ctrl+V 组合键，将剪贴板中的图像粘贴在图像的新图层中，复制的图像在原图的上方，如图 6-40 所示，使用"移动"工具 可以移动复制出的图像，效果如图 6-41 所示。

图 6-39   图 6-40   图 6-41

使用快捷键复制图像：绘制选区后的图像，如图 6-42 所示，按住 Ctrl+Alt 组合键，光标变为 图标，如图 6-43 所示，单击鼠标并按住不放，拖曳选区中的图像到适当的位置，释放鼠标，图像复制完成，效果如图 6-44 所示。

图 6-42   图 6-43   图 6-44

6.2.4　图像的删除

在删除图像前，需要选择要删除的图像区域，如果不选择图像区域，将不能删除图像。

使用菜单命令删除图像：在需要删除的图像上绘制选区，如图 6-45 所示，选择菜单"编辑 > 清除"命令，将选区中的图像删除，按 Ctrl+D 组合键，取消选区，效果如图 6-46 所示。

图 6-45   图 6-46

提示　删除后的图像区域由背景色填充。如果在某一图层中，删除后的图像区域将显示下面一层的图像。

使用快捷键删除图像：在需要删除的图像上绘制选区，按 Delete 键或 Backspace 键，可以将选区中的图像删除。按 Alt+Delete 组合键或 Alt+Backspace 组合键，也可以将选区中的图像删除，删除后的图像区域由前景色填充。

6.3 图像的裁切和图像的变换

通过图像的裁切和图像的变换，可以设计制作出丰富多变的图像效果。

命令介绍

图像的变换：应用变换命令中的多种变换方式，可以对图像进行多样的变换。

6.3.1 课堂案例——制作产品手提袋

【案例学习目标】学习使用变换命令制作出需要的效果。

【案例知识要点】使用渐变工具、钢笔工具、蒙版命令、图层样式命令、扭曲命令、垂直翻转命令和斜切命令制作产品手提袋，最终效果如图 6-47 所示。

【效果所在位置】光盘/Ch06/效果/制作产品手提袋.psd。

（1）按 Ctrl + N 组合键，新建一个文件，宽度为 27.7 cm，高度为 24.8cm，分辨率为 300 像素/英寸，颜色模式为 RGB，背景内容为白色，单击"确定"按钮。

（2）选择"渐变"工具 ，单击属性栏中的"点按可编辑渐变"按钮 ，弹出"渐变编辑器"对话框，将渐变色设为从暗灰色（其 R、G、B 的值分别为 159、159、160）到灰色（其 R、G、B 的值分别为 76、76、78），并将两个滑块的位置均设为 50，如图 6-48 所示，单击"确定"按钮。选中属性栏中的"线性渐变"按钮 ，在图像窗口中由中间向下拖曳渐变色，效果如图 6-49 所示。

图 6-47 　　　　　　　　　　　图 6-48 　　　　　　　　　　　图 6-49

（3）按 Ctrl + O 组合键，打开光盘中的"Ch06 > 素材 > 制作产品手提袋 > 01"文件，选择"移动"工具 ，将图片拖曳到图像窗口的适当位置，如图 6-50 所示，在"图层"控制面板中生成新的图层并将其命名为"正面"。

（4）按 Ctrl+T 组合键，在图像周围出现变换框，按住 Alt+Shift 键的同时，等比例缩小图形，再按住 Ctrl 键，向外调整变换框右侧的两个控制节点到适当的位置，按 Enter 键确认操作，效果如图 6-51 所示。

（5）按 Ctrl + O 组合键，打开光盘中的"Ch06 > 素材 > 制作产品手提袋 > 02"文件，选择"移动"工具 ，将素材图片拖曳到图像窗口的适当位置，如图 6-52 所示，在"图层"控制面板中生成新的图层并将其命名为"侧面"。

（6）按 Ctrl+T 组合键，图形周围出现变换框，在变换框中单击鼠标右键，在弹出的菜单中选择"扭曲"命令，调整控制点到适当的位置，按 Enter 键确认操作，效果如图 6-53 所示。

图 6-50　　　　　　　图 6-51　　　　　　　图 6-52　　　　　　　图 6-53

（7）新建图层并将其命名为"暗部"。将前景色设为黑色。选择"矩形选框"工具■，在适当的位置绘制一个矩形选区，如图 6-54 所示。按 Alt+Delete 组合键，用前景色填充选区，按 Ctrl+D 组合键取消选区，效果如图 6-55 所示。

（8）在"图层"控制面板上方，将"暗部"图层的"不透明度"选项设为 10%，如图 6-56 所示，图像效果如图 6-57 所示。

图 6-54　　　　　　　图 6-55　　　　　　　图 6-56　　　　　　　图 6-57

（9）将"正面"图层拖曳到控制面板下方的"创建新图层"按钮 ■ 上进行复制，生成新的副本图层，并将其拖曳到"正面"图层的下方。按 Ctrl+T 组合键，图形周围出现变换框，在变换框中单击鼠标右键，在弹出的菜单中选择"垂直翻转"命令，翻转复制的图像，并将其拖曳到适当的位置，按住 Ctrl 键，调整左上角的控制节点到适当的位置，按 Enter 键确认操作，效果如图 6-58 所示。

（10）单击"图层"控制面板下方的"添加图层蒙版"按钮 ■ ，为"正面 副本"图层添加蒙版，如图 6-59 所示。选择"渐变"工具■，单击属性栏中的"点按可编辑渐变"按钮■■■■■■，将渐变色设为从白色到黑色，在复制的图像上由上至下拖曳渐变色，效果如图 6-60 所示。用相同的方法复制"侧面"图形，调整其形状和位置，并为其添加蒙版，制作投影效果，如图 6-61 所示。

图 6-58　　　　　　　图 6-59　　　　　　　图 6-60　　　　　　　图 6-61

（11）新建图层并将其命名为"带子"。选择"椭圆选框"工具，在页面中绘制一个椭圆选区，如图 6-62 所示。选择"编辑 > 描边"命令，在弹出的对话框中进行设置，如图 6-63 所示，单击"确定"按钮，取消选区后，效果如图 6-64 所示。

图 6-62　　　　　　　　　　图 6-63　　　　　　　　　　图 6-64

（12）选择"矩形选框"工具，在适当的位置绘制一个矩形选区，如图 6-65 所示。按 Delete 键，删除选区中的图像，取消选区后，效果如图 6-66 所示。

（13）新建图层并将其命名为"带孔"。选择"椭圆选框"工具，按住 Shift 键的同时，在适当的位置绘制圆形选区，用前景色填充选区，取消选区后，效果如图 6-67 所示。用相同的方法绘制另一个带孔，如图 6-68 所示。

图 6-65　　　　　　图 6-66　　　　　　图 6-67　　　　　　图 6-68

（14）单击"图层"控制面板下方的"添加图层样式"按钮，在弹出的菜单中选择"投影"命令，在弹出的对话框中进行设置，如图 6-69 所示。选择"描边"选项，将"描边"颜色设为白色，其他选项的设置如图 6-70 所示，单击"确定"按钮，效果如图 6-71 所示。

（15）将"带子"和"带孔"图层同时选取。选择"移动"工具，按住 Alt 键的同时，在图像窗口中将其拖曳到适当的位置，复制图形，如图 6-72 所示。在"图层"控制面板中生成两个副本图层，并将其拖曳到"正面 副本"图层的下方，效果如图 6-73 所示。至此，产品手提袋效果制作完成。

图 6-69　　　　　　　　　　　　　图 6-70

图 6-71 图 6-72 图 6-73

6.3.2 图像的裁切

如果图像中含有大面积的纯色区域或透明区域，可以应用裁切命令进行操作。原始图像效果如图 6-74 所示，选择菜单"图像 > 裁切"命令，弹出"裁切"对话框，在对话框中进行设置，如图 6-75 所示，单击"确定"按钮，效果如图 6-76 所示。

图 6-74 图 6-75 图 6-76

透明像素：如果当前图像的多余区域是透明的，则选择此选项。左上角像素颜色：根据图像左上角的像素颜色，来确定裁切的颜色范围。右下角像素颜色：根据图像右下角的像素颜色，来确定裁切的颜色范围。裁切：用于设置裁切的区域范围。

6.3.3 图像的变换

图像的变换将对整个图像起作用。选择菜单"图像 > 图像旋转"命令，其下拉菜单如图 6-77 所示。

图像变换的多种效果，如图 6-78 所示。

原图像 180° 90°（顺时针）

图 6-77 图 6-78

90°（逆时针）　　　　　　　水平翻转画布　　　　　　　垂直翻转画布

图 6-78（续）

选择"任意角度"命令，弹出"旋转画布"对话框，在对话框中进行设置如图 6-79 所示，单击"确定"按钮，图像被旋转，效果如图 6-80 所示。

图 6-79　　　　　　　　　　　　　　　　图 6-80

6.3.4　图像选区的变换

使用菜单命令变换图像的选区：在操作过程中可以根据设计和制作需要变换已经绘制好的选区。在图像中绘制选区后，选择菜单"编辑 > 自由变换"或"变换"命令，可以对图像的选区进行各种变换。"变换"命令的下拉菜单如图 6-81 所示。

在图像中绘制选区，如图 6-82 所示。选择"缩放"命令，拖曳控制手柄，可以对图像选区自由地缩放，如图 6-83 所示。选择"旋转"命令，旋转控制手柄，可以对图像选区自由地旋转，如图 6-84 所示。

图 6-81

图 6-82　　　　　　　　　　　图 6-83　　　　　　　　　　　图 6-84

选择"斜切"命令，拖曳控制手柄，可以对图像选区进行斜切调整，如图 6-85 所示。选择"扭曲"命令，拖曳控制手柄，可以对图像选区进行扭曲调整，如图 6-86 所示。选择"透视"命令，拖曳控制手柄，可以对图像选区进行透视调整，如图 6-87 所示。

图 6-85　　　　　　　　　　　图 6-86　　　　　　　　　　　图 6-87

选择"旋转 180 度"命令，可以将图像选区旋转 180°，如图 6-88 所示。选择"旋转 90 度（顺时针）"命令，可以将图像选区顺时针旋转 90°，如图 6-89 所示。选择"旋转 90 度（逆时针）"命令，可以将图像选区逆时针旋转 90°，如图 6-90 所示。

图 6-88　　　　　　　　　　　图 6-89　　　　　　　　　　　图 6-90

选择"水平翻转"命令，可以将图像水平翻转，如图 6-91 所示。选择"垂直翻转"命令，可以将图像垂直翻转，如图 6-92 所示。

图 6-91　　　　　　　　　　图 6-92

使用快捷键变换图像的选区：在图像中绘制选区，按 Ctrl+T 组合键，选区周围出现控制手柄，拖曳控制手柄，可以对图像选区进行自由缩放。按住 Shift 键的同时，拖曳控制手柄，可以等比例缩放图像选区。

如果在变换后仍要保留原图像的内容，则按 Ctrl+Alt+T 组合键，选区周围出现控制手柄，向选区外拖曳选区中的图像，会复制出新的图像，原图像的内容将被保留，效果如图 6-93 所示。

按 Ctrl+T 组合键，选区周围出现控制手柄，将鼠标放在控制手柄外边，当光标变为 ↻ 图标时，旋转控制手柄可以将图像旋转，效果如图 6-94 所示。如果旋转之前改变旋转中心的位置，旋转图像的效果将随之改变，如图 6-95 所示。

图 6-93

图 6-94

图 6-95

按住 Ctrl 键的同时，任意拖曳变换框的 4 个控制手柄，可以使图像任意变形，效果如图 6-96 所示。按住 Alt 键的同时，任意拖曳变换框的 4 个控制手柄，可以使图像对称变形，效果如图 6-97 所示。

图 6-96

图 6-97

按住 Ctrl+Shift 组合键，拖曳变换框中间的控制手柄，可以使图像斜切变形，效果如图 6-98 所示。按住 Ctrl+Shift+Alt 组合键，任意拖曳变换框的 4 个控制手柄，可以使图像透视变形，效果如图 6-99 所示。按住 Shift+Ctrl+T 组合键，可以再次应用上一次使用过的变换命令。

图 6-98

图 6-99

课堂练习——制作证件照

【练习知识要点】使用裁剪工具裁切照片；使用钢笔工具绘制人物轮廓；使用曲线命令调整背景的

色调；使用定义图案命令定义图案，效果如图 6-100 所示。

【素材所在位置】光盘/Ch06/素材/制作证件照/01、02。

【效果所在位置】光盘/Ch06/效果/制作证件照.psd。

图 6-100

课后习题——制作美食书籍

【习题知识要点】使用投影命令、渐变叠加命令、描边命令为文字添加样式；使用椭圆工具、样式面板制作装饰按钮；使用描边命令为选区添加描边效果；使用渐变填充命令制作书籍阴影，效果如图 6-101 所示。

【素材所在位置】光盘/Ch06/素材/制作美食书籍/01~03。

【效果所在位置】光盘/Ch06/效果/制作美食书籍.psd。

图 6-101

第7章

绘制图形及路径

本章介绍

本章主要介绍路径的绘制、编辑方法以及图形的绘制与应用技巧。通过本章的学习，可以快速地绘制所需路径并对路径进行修改和编辑，还可应用绘图工具绘制出系统自带的图形，提高图像制作的效率。

- -

学习目标

- 熟练掌握矩形工具、圆角矩形工具、椭圆工具的使用方法。
- 熟练掌握多边形工具、直线工具、自定形状工具的使用方法。
- 熟练掌握钢笔工具、自由钢笔工具、添加和删除锚点工具的使用方法。
- 熟练掌握选区和路径的转换、路径控制面板、新建路径的使用方法。
- 熟练掌握复制、删除、重命名路径的使用方法。
- 熟练掌握路径和直接选择工具、填充路径、描边路径的使用方法。

- -

技能目标

- 掌握"艺术插画"的制作方法。
- 掌握"美食宣传卡"的制作方法。
- 掌握"音乐海报"的制作方法。

7.1 绘制图形

路径工具加强了 Photoshop CC 处理图像的功能，它可以用来绘制路径、剪切路径和填充区域。

命令介绍

矩形工具：用于绘制矩形或正方形。

圆角矩形工具：用于绘制具有平滑边缘的矩形。

椭圆工具：用于绘制椭圆或正圆形。

多边形工具：用于绘制正多边形。

直线工具：用于绘制直线或带有箭头的线段。

自定形状工具：用于绘制自定义的图形。

7.1.1 课堂案例——制作艺术插画

【案例学习目标】学习使用不同的绘图工具绘制各种图形；并使用移动和复制命令调整图像的位置。

【案例知识要点】使用绘图工具绘制插画背景效果；使用阴影命令为人物图片投影效果；使用圆角矩形工具、自定形状工具和添加剪切蒙版命令绘制装饰图形；使用横排文字工具添加文字，效果如图 7-1 所示。

图 7-1

【效果所在位置】光盘/Ch07/效果/制作艺术插画.psd。

1. 绘制背景图形

（1）按 Ctrl+N 组合键，新建一个文件，设置宽度为 13cm，高度为 15cm，分辨率为 300 像素/英寸，背景内容为白色，单击"确定"按钮。将前景色设为黄色（其 R、G、B 的值分别为 254、215、0），按 Alt+Delete 组合键，用前景色填充"背景"图层，效果如图 7-2 所示。

（2）新建图层并将其命名为"圆"。将前景色设为白色。选择"椭圆"工具，在属性栏中的"选择工具模式"选项中选择"像素"，在图像窗口中拖曳鼠标绘制多个圆形，效果如图 7-3 所示。

图 7-2 图 7-3

（3）在"图层"控制面板上方，将"圆"图层的"填充"选项设为 30%，如图 7-4 所示，按 Enter 键，效果如图 7-5 所示。

（4）新建图层并将其命名为"矩形条"。将前景色设为白色。选择"矩形"工具，在图像窗口中拖曳鼠标绘制多个矩形，效果如图 7-6 所示。新建图层并将其命名为"线条"。将前景色设为白色。选择"直线"工具 ✎，在图像窗口中拖曳鼠标绘制多条直线，效果如图 7-7 所示。

图 7-4   图 7-5   图 7-6   图 7-7

2. 添加任务并绘制装饰图形

（1）按 Ctrl+O 组合键，打开光盘中的"Ch07 > 素材 > 制作艺术插画 > 01"文件，选择"移动"工具 ▸⊕，将素材图片拖曳到图像窗口中的适当位置，效果如图 7-8 所示。在"图层"控制面板中生成新的图层并将其命名为"人物"。

（2）单击"图层"控制面板下方的"添加图层样式"按钮 *fx* ，在弹出的菜单中选择"投影"命令，在弹出的对话框中进行设置，如图 7-9 所示，单击"确定"按钮，效果如图 7-10 所示。

图 7-8   图 7-9   图 7-10

（3）选择"移动"工具 ▸⊕，选中"人物"图层，按住 Alt 键的同时，向下拖曳鼠标复制图像，在"图层"控制面板中生成新的图层并将其命名为"人物投影"。按 Ctrl+T 组合键，在图片的周围出现变换框时，在变换框中单击鼠标右键，在弹出的菜单中选择"垂直翻转"命令，将图片垂直翻转，效果如图 7-11 所示。

（4）单击"图层"控制面板下方的"添加图层蒙版"按钮 ▣ ，为"人物投影"图层添加蒙版。将前景色设为黑色。选择"画笔"工具 ✎，在属性栏中单击"画笔"选项右侧的按钮 ，在弹出面板中选择需要的画笔形状并进行设置，如图 7-12 所示。在图像窗口中拖曳鼠标擦除不需要的图像，效果如图 7-13 所示。

图 7-11　　　　　　　　　　图 7-12　　　　　　　　　　图 7-13

（5）单击"图层"控制面板下方的"创建新图层"按钮 ▣ ，生成新的图层并将其命名为"圆角矩形"。将前景色设为白色。选择"圆角矩形"工具 ▣ ，在属性栏中的"选择工具模式"选项中选择"像素"，在图像窗口中拖曳鼠标绘制一个矩形，效果如图 7-14 所示。

（6）选择"移动"工具 ▶⊕ ，按住 Alt+Shift 组合键的同时，垂直向下拖曳鼠标到适当的位置，复制一个圆角矩形，效果如图 7-15 所示。用相同的方法再复制一个圆角矩形，效果如图 7-16 所示。

（7）选择"移动"工具 ▶⊕ ，按住 Shift 键的同时，在"图层"控制面板中将"圆角矩形"图层和副本图层同时选取，按 Ctrl+E 组合键，合并图层，如图 7-17 所示。

图 7-14　　　　　　　图 7-15　　　　　　　图 7-16　　　　　　　图 7-17

（8）单击"图层"控制面板下方的"添加图层样式"按钮 fx. ，在弹出的菜单中选择"投影"命令，弹出对话框，将投影颜色设为土黄色（其 R、G、B 的值分别为 208、178、0），其他选项的设置如图 7-18 所示，单击"确定"按钮，效果如图 7-19 所示。

图 7-18　　　　　　　　　　　　图 7-19

（9）新建图层并将其命名为"花"。将前景色设为蓝色（其 R、G、B 的值分别为 90、181、212）。选择"自定形状"工具，单击属性栏中的"形状"选项，弹出"形状"面板，单击右上方的按钮，在弹出的菜单中选择"装饰"选项，弹出提示对话框，单击"追加"按钮。在"形状"面板中选择需要的图形，如图 7-20 所示。按住 Shift 键的同时，拖曳鼠标绘制图形，效果如图 7-21 所示。

图 7-20   图 7-21

（10）按住 Alt 键的同时，将光标放在"花"图层和"圆角矩形"图层的中间，当光标变为时，如图 7-22 所示，单击鼠标，为花图层创建剪切蒙版，效果如图 7-23 所示。

图 7-22   图 7-23

（11）新建图层并将其命名为"形状"。将前景色设为白色。选择"自定形状"工具，单击属性栏中的"形状"选项，弹出"形状"面板，单击右上方的按钮，在弹出的菜单中选择"台词框"选项，弹出提示对话框，单击"追加"按钮。在"形状"面板中选择需要的图形，如图 7-24 所示，拖曳鼠标绘制图形，效果如图 7-25 所示。

图 7-24   图 7-25

（12）将前景色设为桃红色（其 R、G、B 的值分别为 240、48、149）。选择"横排文字"工具，输入需要的文字并选取文字，在属性栏中选择合适的字体并设置文字大小，效果如图 7-26 所示，在"图层"控制面板中生成新的文字图层。按 Ctrl+T 组合键，弹出"字符"面板，选项的设置如图 7-27 所示，按 Enter 键，效果如图 7-28 所示。

图 7-26   图 7-27   图 7-28

（13）将前景色设为黑色。选择"横排文字"工具 T，输入需要的文字并选取文字，在属性栏中选择合适的字体并设置文字大小，效果如图 7-29 所示。

（14）单击"图层"控制面板下方的"创建新图层"按钮 ，生成新的图层并将其命名为"矩形"。选择"矩形"工具 ，在图像窗口中绘制矩形，效果如图 7-30 所示。

图 7-29   图 7-30

（15）将前景色设为黑色。选择"横排文字"工具 T，分别输入需要的文字并选取文字，在属性栏中分别选择合适的字体并设置文字的大小，如图 7-31 所示，在"图层"控制面板中生成新的文字图层。

（16）选中"Illustration of the world"文字图层，按 Ctrl+T 组合键，在弹出"字符"面板中进行设置，如图 7-32 所示，按 Enter 键，效果如图 7-33 所示。至此，艺术插画制作完成。

图 7-31   图 7-32   图 7-33

7.1.2　矩形工具

选择"矩形"工具 ▣，或反复按 Shift+U 组合键，其属性栏如图 7-34 所示。

图 7-34

形状 ＄：用于选择创建路径形状、创建工作路径或填充区域。填充：■ 描边：╱ 3点 ━━：用于设置矩形的填充色、描边色、描边宽度和描边类型。W: 0像素 ∞ H: 0像素：用于设置矩形的宽度和高度。▣ ▣ ▣：用于设置路径的组合方式、对齐方式和排列方式。⚙：用于设定所绘制矩形的形状。对齐边缘：用于设定边缘是否对齐。

原始图像效果如图 7-35 所示。在图像中绘制矩形，效果如图 7-36 所示，"图层"控制面板中的效果如图 7-37 所示。

图 7-35　　　　　　图 7-36　　　　　　图 7-37

7.1.3　圆角矩形工具

选择"圆角矩形"工具 ▢，或反复按 Shift+U 组合键，其属性栏如图 7-38 所示。其属性栏中的内容与"矩形"工具属性栏的选项内容类似，只增加了"半径"选项，用于设定圆角矩形的平滑程度，数值越大越平滑。

图 7-38

原始图像效果如图 7-39 所示。将半径选项设为 40px，在图像中绘制圆角矩形，效果如图 7-40 所示，"图层"控制面板中的效果如图 7-41 所示。

图 7-39　　　　　　图 7-40　　　　　　图 7-41

7.1.4 椭圆工具

选择"椭圆"工具 ，或反复按 Shift+U 组合键，其属性栏如图 7-42 所示。

图 7-42

原始图像效果如图 7-43 所示。在图像上方绘制椭圆形，效果如图 7-44 所示，"图层"控制面板如图 7-45 所示。

图 7-43　　　　　　　图 7-44　　　　　　　图 7-45

7.1.5 多边形工具

选择"多边形"工具 ，或反复按 Shift+U 组合键，其属性栏如图 7-46 所示。其属性栏中的内容与矩形工具属性栏的选项内容类似，只增加了"边"选项，用于设定多边形的边数。

原始图像效果如图 7-47 所示。单击属性栏中的按钮 ，在弹出的面板中进行设置，如图 7-48 所示，在图像中绘制星形，效果如图 7-49 所示，"图层"控制面板中的效果如图 7-50 所示。

图 7-46

图 7-47　　　　　图 7-48　　　　　图 7-49　　　　　图 7-50

7.1.6 直线工具

选择"直线"工具 ，或反复按 Shift+U 组合键，其属性栏如图 7-51 所示。其属性栏中的内容与矩形工具属性栏的选项内容类似，只增加了"粗细"选项，用于设定直线的宽度。

单击属性栏中的按钮 ✿，弹出"箭头"面板，如图 7-52 所示。

图 7-51 图 7-52

起点：用于选择箭头位于线段的始端。终点：用于选择箭头位于线段的末端。宽度：用于设定箭头宽度和线段宽度的比值。长度：用于设定箭头长度和线段长度的比值。凹度：用于设定箭头凹凸的形状。

原图效果如图 7-53 所示，在图像中绘制不同效果的直线，如图 7-54 所示，"图层"控制面板中的效果如图 7-55 所示。

图 7-53 图 7-54 图 7-55

> **技巧** 按住 Shift 键，运用直线工具绘制图形时，可以绘制水平或垂直的直线。

7.1.7 自定形状工具

选择"自定形状"工具 ✿，或反复按 Shift+U 组合键，其属性栏如图 7-56 所示。其属性栏中的内容与矩形工具属性栏的选项内容类似，只增加了"形状"选项，用于选择所需的形状。

单击"形状"选项右侧的按钮 ⋅，弹出如图 7-57 所示的形状面板，面板中存储了可供选择的各种不规则形状。

图 7-56 图 7-57

原始图像效果如图 7-58 所示。在图像中绘制不同的形状图形，效果如图 7-59 所示。"图层"控制面板中的效果如图 7-60 所示。

图 7-58   图 7-59   图 7-60

可以应用定义自定形状命令来制作并定义形状。使用"钢笔"工具 在图像窗口中绘制路径并填充路径，如图 7-61 所示。

选择菜单"编辑 > 定义自定形状"命令，弹出"形状名称"对话框，在"名称"选项的文本框中输入自定形状的名称，如图 7-62 所示；单击"确定"按钮，在"形状"选项的面板中将会显示刚才定义的形状，如图 7-63 所示。

图 7-61   图 7-62   图 7-63

7.1.8　属性面板

属性面板用于调整形状的大小、填充颜色、描边颜色、描边样式以及圆角半径等。也可以用于调整所选图层中的图层蒙版和矢量蒙版的不透明度和羽化范围。选择"矩形"工具 ，绘制一个矩形，如图 7-64 所示，选择菜单"窗口 > 属性"命令，弹出"属性"面板，如图 7-65 所示。

图 7-64   图 7-65

W/H：用于设置形状的宽度和高度。 ：用于链接宽度和高度，使形状能够成比例改变。X/Y：用于设定形状的横纵坐标。 ：用于设置形状的填充描边和颜色。 ：用于设置形状的描边宽度和类型。 ：用于设置描边的对齐类型、线段端点和线段合并类型。

在"角半径"文本框中输入值以指定角效果到每个角点的扩展半径，如图 7-66 所示，按 Enter 键，效果如图 7-67 所示。

在"属性"面板中单击"蒙版"按钮 ，切换到相应的面板，如图 7-68 所示。 蒙版：单击 按钮，可以为当前图层添加图层蒙版；单击 按钮则可以添加矢量蒙版。浓度：拖动滑块可以控制蒙版的不透明度，即蒙版的遮盖强度。羽化：拖动滑块可以柔化蒙版的边缘。 蒙版边缘… ：单击此按钮，可以打开"调整边缘"对话框修改蒙版边缘。 颜色范围… ：单击此按钮，可以打开"色彩范围"对话框，此时可以在图像中取样并调整颜色容差修改蒙版范围。 反相 ：单击此按钮，可以反转蒙版的遮盖区域。

从蒙版中载入选区 ：可以载入蒙版中包含的选区。应用蒙版 ：可以将蒙版应用到图像中，同时删除被蒙版遮盖的图像。停用/启用蒙版 ：可以停用或启用蒙版，停用蒙版时，蒙版缩略图上会出现一个红色的"×"。删除蒙版 ：可以删除当前蒙版。

图 7-66　　　　　　　图 7-67　　　　　　　图 7-68

7.2　绘制和选取路径

路径对于 Photoshop CC 高手来说确实是一个非常得力的助手。使用路径可以进行复杂图像的选取，还可以存储选取区域以备再次使用，更可以绘制线条平滑的优美图形。

命令介绍

钢笔工具：用于绘制路径。

添加锚点工具：用于在路径上添加新的锚点。

转换点工具：使用转换点工具单击或拖曳锚点可将其转换成直线锚点或曲线锚点，拖曳锚点上的调节手柄可以改变线段的弧度。

7.2.1　课堂案例——制作美食宣传卡

【案例学习目标】学习使用不同的绘图工具绘制并调整路径。

【案例知识要点】使用钢笔工具、添加锚点工具和转换点工具绘制路径；使用应用选区和路径的转换命令进行转换，如图 7-69 所示。

【效果所在位置】光盘/Ch07/效果/制作美食宣传卡.psd。

图 7-69

（1）按 Ctrl+O 组合键，打开光盘中的"Ch07 > 素材 > 制作美食宣传卡 > 01"文件，如图 7-70 所示。选择"钢笔"工具 ，在属性栏中的"选择工具模式"选项中选择"路径"，在图像窗口中沿着蛋糕轮廓拖曳鼠标绘制路径，如图 7-71 所示。

（2）选择"钢笔"工具 ，按住 Ctrl 键的同时，"钢笔"工具 转换为"直接选择"工具 ，拖曳路径中的锚点改变路径的弧度，再次拖曳锚点上的调节手柄改变线段的弧度，效果如图 7-72 所示。

（3）将光标移动到建立好的路径上，若当前该处没有锚点，则"钢笔"工具 转换为"添加锚点"工具 ，如图 7-73 所示，在路径上单击鼠标添加一个锚点。

图 7-70　　　　图 7-71　　　　图 7-72　　　　图 7-73

（4）选择"转换点"工具 ，按住 Alt 键的同时，拖曳手柄，可以任意改变调节手柄中的其中一个手柄，如图 7-74 所示。用上述的路径工具，将路径调整的更贴近蛋糕的形状，效果如图 7-75 所示。

图 7-74　　　　　　图 7-75

（5）单击"路径"控制面板下方的"将路径作为选区载入"按钮 ，将路径转换为选区，如图 7-76 所示。按 Ctrl+O 组合键，打开光盘中的"Ch07 > 素材 > 制作美食宣传卡 > 02"文件，如图 7-77 所示。选择"移动"工具 ，将 01 文件选区中的图像拖曳到 02 文件中，效果如图 7-78 所示，在"图层"控制面板中生成新的图层并将其命名为"蛋糕"。

图 7-76　　　　　图 7-77　　　　　图 7-78

（6）新建图层并将其命名为"投影"。将前景色设为咖啡色（其 R、G、B 的值分别为 75、34、0）。选择"椭圆选框"工具 ，在图像窗口中拖曳鼠标绘制椭圆选区，如图 7-79 所示。

（7）按 Shift+F6 组合键，在弹出的"羽化选区"对话框中进行设置，如图 7-80 所示，单击"确定"按钮，羽化选区。按 Alt+Delete 组合键，用前景色填充选区。按 Ctrl+D 组合键，取消选区，效果如图 7-81 所示。

图 7-79　　　　　　　　图 7-80　　　　　　　　图 7-81

（8）在"图层"控制面板中，选中"蛋糕"图层，将其拖曳到"投影"图层的上方，如图 7-82 所示，图像效果如图 7-83 所示。

图 7-82　　　　　　　　　图 7-83

（9）按住 Shift 键的同时，将"蛋糕"图层和"投影"图层同时选取。按 Ctrl+E 组合键，合并图层，如图 7-84 所示。连续两次将"蛋糕"图层拖曳到"图层"控制面板下方的"创建新图层"按钮 🔲 上进行复制，生成新的副本图层，如图 7-85 所示。分别选择副本图层，拖曳到适当的位置并调整其大小，效果如图 7-86 所示。至此，美食宣传卡制作完成。

图 7-84　　　　　　　　图 7-85　　　　　　　　图 7-86

7.2.2　钢笔工具

选择"钢笔"工具 ✍️，或反复按 Shift+P 组合键，其属性栏如图 7-87 所示。

按住 Shift 键创建锚点时，将强迫系统以 45° 或 45° 的倍数绘制路径。按住 Alt 键，当"钢笔"工具 ✍️ 移动到锚点上时，暂时将"钢笔"工具 ✍️ 转换为"转换点"工具 ⌃。按住 Ctrl 键，暂时将

"钢笔"工具 ✐ 转换成"直接选择"工具 ▸ 。

图 7-87

绘制直线条：建立一个新的图像文件，选择"钢笔"工具 ✐ ，在属性栏中的"选择工具模式"选项中选择"路径"选项，则"钢笔"工具 ✐ 绘制的是路径。如果选中"形状"选项，将绘制出形状图层。勾选"自动添加/删除"复选框，钢笔工具的属性栏如图 7-88 所示。

图 7-88

在图像中的任意位置单击鼠标，创建一个锚点，将鼠标移动到其他位置再次单击，创建第二个锚点，两个锚点之间自动以直线进行连接，如图 7-89 所示。再将鼠标移动到其他位置单击，创建第三个锚点，而系统将在第二个和第三个锚点之间生成一条新的直线路径，如图 7-90 所示。

将鼠标移至第二个锚点上，光标暂时转换成"删除锚点"工具 ✐ ，如图 7-91 所示；在锚点上单击，即可将第二个锚点删除，如图 7-92 所示。

图 7-89   图 7-90   图 7-91   图 7-92

绘制曲线：用"钢笔"工具 ✐ 单击建立新的锚点并按住鼠标不放，拖曳鼠标，建立曲线段和曲线锚点，如图 7-93 所示。释放鼠标，按住 Alt 键的同时，用"钢笔"工具 ✐ 单击刚建立的曲线锚点，如图 7-94 所示；将其转换为直线锚点，在其他位置再次单击建立下一个新的锚点，可在曲线段后绘制出直线段，如图 7-95 所示。

图 7-93   图 7-94   图 7-95

7.2.3 自由钢笔工具

选择"自由钢笔"工具 ✐ ，对其属性栏进行设置，如图 7-96 所示。

在盘子上单击鼠标确定最初的锚点，然后沿图像边沿小心地拖曳鼠标并单击，确定其他的锚点，如图 7-97 所示。如果在选择中存在误差，只需要使用其他的路径工具对路径进行修改和调整就可以补救了，如图 7-98 所示。

图 7-96   图 7-97   图 7-98

7.2.4 添加锚点工具

将"钢笔"工具 ∅ 移动到建立的路径上，若当前此处没有锚点，则"钢笔"工具 ∅ 转换成"添加锚点"工具 ∅，如图 7-99 所示；在路径上单击鼠标可以添加一个锚点，效果如图 7-100 所示。将"钢笔"工具 ∅ 移动到建立的路径上，若当前此处没有锚点，则"钢笔"工具 ∅ 转换成"添加锚点"工具 ∅，如图 7-101 所示；单击鼠标添加锚点后按住鼠标不放，向上拖曳鼠标，建立曲线段和曲线锚点，效果如图 7-102 所示。

图 7-99   图 7-100   图 7-101   图 7-102

7.2.5 删除锚点工具

删除锚点工具用于删除路径上已经存在的锚点。将"钢笔"工具 ∅ 放到路径的锚点上，则"钢笔"工具 ∅ 转换成"删除锚点"工具 ∅，如图 7-103 所示；单击锚点将其删除，效果如图 7-104 所示。

将"钢笔"工具 ∅ 放到曲线路径的锚点上，则"钢笔"工具 ∅ 转换成"删除锚点"工具 ∅，如图 7-105 所示；单击锚点将其删除，效果如图 7-106 所示。

图 7-103   图 7-104   图 7-105   图 7-106

7.2.6 转换点工具

按住 Shift 键，拖曳其中的一个锚点，将强迫手柄以 45° 或 45° 的倍数进行改变。按住 Alt 键，拖曳手柄，可以任意改变两个调节手柄中的一个手柄，而不影响另一个手柄的位置。按住 Alt 键，拖曳路径中的线段，可以将路径进行复制。

图 7-107　　　　　　图 7-108

使用"钢笔"工具 在图像中绘制三角形路径，如图 7-107 所示。当要闭合路径时光标变为 图标，单击鼠标即可闭合路径，完成三角形路径的绘制，如图 7-108 所示。

选择"转换点"工具 ，将鼠标放置在三角形左上角的锚点上，如图 7-109 所示；单击锚点并将其向右上方拖曳形成曲线锚点，如图 7-110 所示。使用相同的方法将三角形右上角的锚点转换为曲线锚点，如图 7-111 所示。绘制完成后，桃心形路径的效果如图 7-112 所示。

图 7-109　　　　　　图 7-110　　　　　　图 7-111　　　　　　图 7-112

7.2.7 选区和路径的转换

1. 将选区转换为路径

使用菜单命令：在图像上绘制选区，如图 7-113 所示；单击"路径"控制面板右上方的图标 ，在弹出式菜单中选择"建立工作路径"命令，弹出"建立工作路径"对话框，在对话框中，应用"容差"选项，设置转换时的误差允许范围，数值越小越精确，路径上的关键点也越多。如果要编辑生成的路径，在此处设定的数值最好为 2，如图 7-114 所示；单击"确定"按钮，将选区转换成路径，效果如图 7-115 所示。

图 7-113　　　　　　图 7-114　　　　　　图 7-115

使用按钮命令：单击"路径"控制面板下方的"从选区生成工作路径"按钮 ，将选区转换成路径。

2．将路径转换为选区

使用菜单命令：在图像中创建路径，如图 7-116 所示，单击"路径"控制面板右上方的图标 ，在弹出式菜单中选择"建立选区"命令，弹出"建立选区"对话框，如图 7-117 所示。设置完成后，单击"确定"按钮，将路径转换成选区，效果如图 7-118 所示。

图 7-116　　　　　　　　图 7-117　　　　　　　　图 7-118

使用按钮命令：单击"路径"控制面板下方的"将路径作为选区载入"按钮 ，将路径转换成选区。

命令介绍

路径选择工具：用于选择一个或几个路径并对其进行移动、组合、对齐、分布和变形等操作。

描边路径命令：可以对路径进行描边。

7.2.8　课堂案例——制作音乐海报

【案例学习目标】学习使用钢笔工具和填充路径命令制作图形。

【案例知识要点】使用钢笔工具绘制路径；使用填充路径命令为路径填充颜色；使用横排文字工具输入需要的文字；使用直接选择工具和快捷键复制路径，如图 7-119 所示。

【效果所在位置】光盘/Ch07/效果/制作音乐海报.psd。

（1）按 Ctrl + O 组合键，打开光盘中的"Ch07 > 素材 > 制作音乐海报 > 01"文件，图像效果如图 7-120 所示。

图 7-119

（2）新建图层并将其命名为"线条"。将前景色设为红色（其 R、G、B 的值分别为 229、52、63）。选择"钢笔"工具 ，在属性栏中的"选择工具模式"选项中选择"路径"，单击鼠标绘制路径，如图 7-121 所示。按 Ctrl+Enter 组合键，将路径转化为选区，如图 7-122 所示。按 Alt+Delete 组合键，用前景色填充选区，按 Ctrl+D 组合键，取消选区，效果如图 7-123 所示。

图 7-120　　　　　图 7-121　　　　　图 7-122　　　　　图 7-123

（3）新建图层并将其命名为"线条 02"。将前景色设为绿色（其 R、G、B 的值分别为 147、197、45）。选择"钢笔"工具 ，单击鼠标绘制路径，如图 7-124 所示。单击"路径"控制面板下方的"用前景色填充路径"按钮 ，填充路径，效果如图 7-125 所示。用相同的方法绘制"线条 03"，并将其填充为黄色（其 R、G、B 的值分别为 248、232、145），效果如图 7-126 所示。

图 7-124　　　　　　　图 7-125　　　　　　　图 7-126

（4）选择"横排文字"工具 ，在属性栏中选择合适的字体并设置大小，将"颜色"选项设为绿色（其 R、G、B 的值分别为 20、127、126），在图像窗口中输入需要的文字，效果如图 7-127 所示，在"图层"控制面板中生成新的文字图层。用相同的方法输入下面的文字，如图 7-128 所示。选取文字，单击属性栏中的"右对齐"按钮 ，将文字右对齐，效果如图 7-129 所示。

图 7-127　　　　　　　图 7-128　　　　　　　图 7-129

（5）新建图层并将其命名为"色块"。选择"矩形"工具 ，在属性栏中的"选择工具模式"选项中选择"路径"选项，在图像窗口中绘制路径，如图 7-130 所示。按 Ctrl+Alt+T 组合键，在路径周围生成变换框，按键盘上的方向键向右移动路径，按 Enter 键确认操作，效果如图 7-131 所示。

图 7-130　　　　　　　　　图 7-131

（6）根据需要多次按 Ctrl+Alt+Shift+T 组合键，再复制出多个路径，效果如图 7-132 所示。选择"路径选择"工具 ，选取所有路径，按住 Alt 键的同时，向下拖曳到适当的位置，复制路径，如图 7-133 所示。

图 7-132　　　　　　　图 7-133

（7）按 Ctrl+Enter 组合键，将路径转化为选区。选择"渐变"工具，单击属性栏中的"点按可编辑渐变"按钮，弹出"渐变编辑器"对话框，将渐变色设为从绿色（其 R、G、B 的值分别为 20、127、126）到白色，如图 7-134 所示，单击"确定"按钮。选中属性栏中的"线性渐变"按钮，在选区中从左到右拖曳渐变，效果如图 7-135 所示。按 Ctrl+D 组合键，取消选区。至此，音乐海报效果制作完成，如图 7-136 所示。

图 7-134

图 7-135

图 7-136

7.2.9　路径控制面板

绘制一条路径，再选择菜单"窗口 ＞ 路径"命令，调出"路径"控制面板，如图 7-137 所示。单击"路径"控制面板右上方的图标，弹出其下拉命令菜单，如图 7-138 所示。在"路径"控制面板的底部有 7 个工具按钮，如图 7-139 所示。

图 7-137

图 7-138

图 7-139

"用前景色填充路径"按钮　：单击此按钮，将对当前选中的路径进行填充，填充的对象包括当前路径的所有子路径以及不连续的路径线段。如果选定了路径中的一部分，"路径"控制面板的弹出菜单中的"填充路径"命令将变为"填充子路径"命令。如果被填充的路径为开放路径，Photoshop CC

将自动把路径的两个端点以直线段的方式连接然后进行填充。如果只有一条开放的路径，则不能进行填充。按住 Alt 键的同时，单击此按钮，将弹出"填充路径"对话框。

"用画笔描边路径"按钮 ○：单击此按钮，系统将使用当前的颜色和当前在"描边路径"对话框中设定的工具对路径进行描边。按住 Alt 键的同时单击此按钮，将弹出"描边路径"对话框。

"将路径作为选区载入"按钮 ░：单击此按钮，将把当前路径所圈选的范围转换为选择区域。按住 Alt 键的同时，单击此按钮，将弹出"建立选区"对话框。

"从选区生成工作路径"按钮 ◇：单击此按钮，将把当前的选择区域转换成路径。按住 Alt 键的同时，单击此按钮，将弹出"建立工作路径"对话框。

"添加图层蒙版"按钮 ▣：用于为当前图层添加蒙版。

"创建新路径"按钮 ▢：用于创建一个新的路径。单击此按钮，可以创建一个新的路径。按住 Alt 键的同时，单击此按钮，将弹出"新路径"对话框。

"删除当前路径"按钮 ▯：用于删除当前路径。可以直接拖曳"路径"控制面板中的一个路径到此按钮上，可将整个路径全部删除。

7.2.10　新建路径

使用控制面板弹出式菜单：单击"路径"控制面板右上方的图标▼═，弹出其命令菜单，选择"新建路径"命令，弹出"新建路径"对话框，如图 7-140 所示。

名称：用于设定新图层的名称，可以选择与前一图层创建剪贴蒙版。

图 7-140

使用控制面板按钮或快捷键：单击"路径"控制面板下方的"创建新路径"按钮 ▢，可以创建一个新路径。按住 Alt 键的同时，单击"创建新路径"按钮 ▢，将弹出"新建路径"对话框，设置完成后，单击"确定"按钮创建新路径。

7.2.11　复制、删除、重命名路径

1．复制路径

使用菜单命令复制路径：单击"路径"控制面板右上方的图标▼═，弹出其下拉命令菜单，选择"复制路径"命令，弹出"复制路径"对话框，如图 7-141 所示，在"名称"选项中设置复制路径的名称，单击"确定"按钮，"路径"控制面板如图 7-142 所示。

图 7-141

图 7-142

使用按钮命令复制路径：在"路径"控制面板中，将需要复制的路径拖曳到下方的"创建新路径"按钮 ▢ 上，即可将所选的路径复制为一个新路径。

2. 删除路径

使用菜单命令删除路径：单击"路径"控制面板右上方的图标，弹出其下拉命令菜单，选择"删除路径"命令，将路径删除。

使用按钮命令删除路径：在"路径"控制面板中选择需要删除的路径，单击面板下方的"删除当前路径"按钮 ，将选择的路径删除。

3. 重命名路径

双击"路径"控制面板中的路径名，出现重命名路径文本框，如图 7-143 所示，更改名称后按 Enter 键确认即可，如图 7-144 所示。

图 7-143　　　　　　　　　　图 7-144

7.2.12　路径选择工具

路径选择工具可以选择单个或多个路径，同时还可以用来组合、对齐和分布路径。选择"路径选择"工具 ，或反复按 Shift+A 组合键，其属性栏如图 7-145 所示。

图 7-145

7.2.13　直接选择工具

直接选择工具用于移动路径中的锚点或线段，还可以用于调整手柄和控制点。路径的原始效果如图 7-146 所示，选择"直接选择"工具 ，拖曳路径中的锚点来改变路径的弧度，如图 7-147 所示。

图 7-146　　　　　　　　　图 7-147

7.2.14　填充路径

在图像中创建路径，如图 7-148 所示，单击"路径"控制面板右上方的图标 ，在弹出式菜单中选择"填充路径"命令，弹出"填充路径"对话框，如图 7-149 所示。设置完成后，单击"确定"按钮，用前景色填充路径的效果如图 7-150 所示。

图 7-148　　　　　　　　　　图 7-149　　　　　　　　　　图 7-150

单击"路径"控制面板下方的"用前景色填充路径"按钮 ● |，即可填充路径。按 Alt 键的同时，单击"用前景色填充路径"按钮 ● |，将弹出"填充路径"对话框。

7.2.15　描边路径

在图像中创建路径，如图 7-151 所示。单击"路径"控制面板右上方的图标 ，在弹出式菜单中选择"描边路径"命令，弹出"描边路径"对话框，选择"工具"选项下拉列表中的"画笔"工具，如图 7-152 所示，此下拉列表中共有 19 种工具可供选择，如果当前在工具箱中已经选择了"画笔"工具，该工具将自动设置在此处。另外在画笔属性栏中设定的画笔类型也将直接影响此处的描边效果，设置好后，单击"确定"按钮，描边路径的效果如图 7-153 所示。

图 7-151　　　　　　　　　　图 7-152　　　　　　　　　　图 7-153

单击"路径"控制面板下方的"用画笔描边路径"按钮 ○ |，即可描边路径。按住 Alt 键的同时，单击"用画笔描边路径"按钮 ○ |，将弹出"描边路径"对话框。

7.3 创建 3D 图形

在 Photoshop CS6 中可以将平面图层围绕各种形状预设，如立方体、球面、圆柱、锥形或金字塔等创建 3D 模型。只有将图层变为 3D 图层，才能使用 3D 工具和命令。

打开一个文件，如图 7-154 所示。选择菜单"3D > 从图层新建网格 > 网格预设"命令，弹出如图 7-155 所示的子菜单，选择需要的命令可创建不同的 3D 模型。

图 7-154   图 7-155

选择各命令创建出的 3D 模型如图 7-156 所示。

图 7-156

7.4 使用 3D 工具

在 Potoshop CS6 使用 3D 对象工具可以旋转、缩放或调整模型位置。当操作 3D 模型时，相机视图保持固定。

打开一张包含 3D 模型的图片，如图 7-157 所示。选中 3D 图层，选择"旋转 3D 对象"工具，当图像窗口中的鼠标变为图标时，上下拖动可将模型围绕其 x 轴旋转，如图 7-158 所示；两侧拖动可将模型围绕其 y 轴旋转，效果如图 7-159 所示。按住 Alt 键的同时进行拖曳可滚动模型。

图 7-157   图 7-158   图 7-159

选择"滚动 3D 对象"工具，当图像窗口中的鼠标变为图标时，两侧拖曳可使模型绕 z 轴旋转，效果如图 7-160 所示。

选择"拖动 3D 对象"工具，当图像窗口中的鼠标变为图标时，两侧拖曳可沿水平方向移动模型，如图 7-161 所示；上下拖曳可沿垂直方向移动模型，如图 7-162 所示。按住 Alt 键的同时进行拖曳可沿 x/z 轴方向移动。

图 7-160   图 7-161   图 7-162

选择"滑动 3D 对象"工具，当图像窗口中的鼠标变为图标时，两侧拖曳可沿水平方向移动模型，如图 7-163 所示；上下拖动可将模型移近或移远，如图 7-164 所示。按住 Alt 键的同时进行拖曳可沿 x/y 轴方向移动。

选择"缩放 3D 对象"工具，当图像窗口中的鼠标变为图标时，上下拖曳可将模型放大或缩小，如图 7-165 所示。按住 Alt 键的同时进行拖移可沿 z 轴方向缩放。

图 7-163   图 7-164   图 7-165

课堂练习——制作滑板运动插画

【练习知识要点】使用渐变工具制作背景；使用去色命令和色阶命令改变人物图片的颜色；使用扩

展命令制作人物的投影效果；使用自定形状工具绘制装饰箭头；使用钢笔工具和画笔工具制作描边文字，滑板运动插画效果如图 7-166 所示。

【素材所在位置】光盘/Ch07/制作滑板运动插画/01~04。

【效果所在位置】光盘/Ch07/制作滑板运动插画.psd。

图 7-166

课后习题——制作摄影海报

【习题知识要点】使用色阶命令调整背景图片的显示效果；使用矩形选框工具绘制矩形；使用钢笔工具绘制装饰线条；使用图层样式命令制作文字特殊效果，效果如图 7-167 所示。

【素材所在位置】光盘/Ch07/素材/制作摄影海报/01~05。

【效果所在位置】光盘/Ch07/效果/制作摄影海报.psd。

图 7-167

第**8**章 调整图像的色彩和色调

本章介绍

本章主要介绍调整图像的色彩与色调的多种命令。通过本章的学习，可以根据不同的需要使用多种调整命令对图像的色彩或色调进行细微的调整，还可以对图像进行特殊颜色的处理。

学习目标

● 掌握亮度/对比度、自动对比度、色彩平衡、反相的使用方法。

● 掌握图像变化、自动变化、色调均化的处理技巧。

● 掌握图像色阶、自动色阶、渐变映射、阴影/高光、色相/饱和度的处理技巧。

● 掌握图像可选颜色、曝光度、照片滤镜、特殊颜色处理的处理技巧。

● 掌握图像去色、阈值、色调分离、替换颜色的处理技巧。

● 掌握通道混合器、匹配颜色的处理技巧。

技能目标

● 掌握"修正偏色的照片"的制作方法。

● 掌握"梦幻照片效果"的制作方法。

● 掌握"怀旧照片"的制作方法。

● 掌握"调整照片的色彩与明度"的制作方法。

● 掌握"特殊色彩的风景画"的制作方法。

● 掌握"将照片转换为灰度"的制作方法。

8.1 调整图像色彩与色调

调整图像的色彩是 Photoshop CC 的强项，也是用户必须要掌握的一项功能。在实际的设计制作中经常会使用到这项功能。

命令介绍

亮度/对比度命令：可以调节图像的亮度和对比度。

色彩平衡命令：用于调节图像的色彩平衡度。

8.1.1 课堂案例——修正偏色的照片

【案例学习目标】学习使用图像/调整菜单下的色彩平衡命令制作出需要的效果。

【案例知识要点】使用色彩平衡命令修正偏色的照片，最终效果如图 8-1 所示。

【效果所在位置】光盘/Ch08/效果/修正偏色的照片.psd。

（1）按 Ctrl + O 组合键，打开光盘中的"Ch08 > 素材 > 修正偏色的照片 > 01"文件，如图 8-2 所示。

图 8-1

（2）选择"图像 > 调整 > 色彩平衡"命令，在弹出的对话框中进行设置，如图 8-3 所示，单击"确定"按钮，效果如图 8-4 所示。至此，偏色的照片修正完成。

图 8-2　　　　　　　　　　　图 8-3　　　　　　　　　　　图 8-4

8.1.2 亮度/对比度

"亮度/对比度"命令调整的是整个图像的色彩。打开一张素材图片，如图 8-5 所示，选择菜单"图像 > 调整 > 亮度/对比度"命令，弹出"亮度/对比度"对话框，如图 8-6 所示。在对话框中，可以通过拖曳亮度和对比度滑块来调整图像的亮度或对比度，单击"确定"按钮，调整后的图像效果如图 8-7 所示。

图 8-5   图 8-6   图 8-7

8.1.3   自动对比度

自动对比度命令可以对图像的对比度进行自动调整。按 Alt+Shift+Ctrl+L 组合键，可以对图像的对比度进行自动调整。

8.1.4   色彩平衡

选择菜单"图像 > 调整 > 色彩平衡"命令，或按 Ctrl+B 组合键，弹出"色彩平衡"对话框，如图 8-8 所示。

色彩平衡：用于添加过渡色来平衡色彩效果，拖曳滑块可以调整整个图像的色彩，也可以在"色阶"选项的数值框中直接输入数值调整图像的色彩。色调平衡：用于选取图像的阴影、中间调和高光。保持明度：用于保持原图像的明度。

设置不同的色彩平衡后，图像效果如图 8-9 所示。

图 8-8

图 8-9

8.1.5   反相

选择菜单"图像 > 调整 > 反相"命令，或按 Ctrl+I 组合键，可以将图像或选区的像素反转为其补色，使其出现底片效果。不同色彩模式的图像反相后的效果如图 8-10 所示。

原始图像效果

RGB 色彩模式反相后的效果

CMYK 色彩模式反相后的效果

图 8-10

提示 反相效果是对图像的每一个色彩通道进行反相后的合成效果，不同色彩模式的图像反相后的效果是不同的。

命令介绍

变化命令：用于调整图像的色彩。

8.1.6 课堂案例——制作梦幻照片效果

【案例学习目标】学习使用色彩调整命令调节图像颜色。

【案例知识要点】使用亮度/对比度命令、色彩平衡命令调整图片颜色；使用横排文字工具添加标题文字；使用添加图层样式命令为文字添加图层样式，效果如图 8-11 所示。

【效果所在位置】光盘/Ch08/效果/制作梦幻照片效果.psd。

（1）按 Ctrl+O 组合键，打开光盘中的"Ch08 > 素材 >制作梦幻照片效果> 01"文件，如图 8-12 所示。将"背景"图层拖曳到"图层"控制面板下方的"创建新图层"按钮 上进行复制，生成新的图层"背景 副本"，如图 8-13 所示。

图 8-11

图 8-12

图 8-13

（2）选择"图像 > 调整 > 色彩平衡"命令，在弹出的对话框中进行设置，如图 8-14 所示。单击"确定"按钮，效果如图 8-15 所示。

图 8-14   图 8-15

（3）选择"图像 > 调整 > 亮度/对比度"命令，在弹出的对话框中进行设置，如图 8-16 所示。单击"确定"按钮，效果如图 8-17 所示。

图 8-16   图 8-17

（4）选择"图像 > 调整 > 色阶"命令，在弹出的对话框中进行设置，如图 8-18 所示。单击"确定"按钮，效果如图 8-19 所示。

图 8-18   图 8-19

（5）按 Ctrl+O 组合键，打开光盘中的"Ch08 > 素材 >制作梦幻照片效果> 02"文件，选择"移动"工具，将图片拖曳到图像窗口中适当的位置，效果如图 8-20 所示，在"图层"控制面板中生成新的图层并将其命名为"气泡"。

（6）将"气泡"图层拖曳到"图层"控制面板下方的"创建新图层"按钮 上进行复制，生成新的图层"气泡 副本"。选择"移动"工具，将复制出的图形拖曳到适当的位置，效果如图 8-21 所示。

图 8-20　　　　　　　　　　　　图 8-21

（7）将前景色设为金黄色（其 R、G、B 的值分别为 216、179、101）。选择"横排文字"工具 T，输入需要的文字，在属性栏中选择合适的字体并设置文字大小，效果如图 8-22 所示，在控制面板中生成新的文字图层。

（8）选择"文字 > 面板 > 字符面板"命令，弹出"字符"面板，选项的设置如图 8-23 所示，按 Enter 键确定操作，文字效果如图 8-24 所示。

图 8-22　　　　　　　　图 8-23　　　　　　　　图 8-24

（9）单击"图层"控制面板下方的"添加图层样式"按钮 fx，在弹出的菜单中选择"斜面和浮雕"命令，选项的设置如图 8-25 所示。选择"投影"选项，切换到相应的对话框，选项的设置如图 8-26 所示，单击"确定"按钮，效果如图 8-27 所示。

图 8-25　　　　　　　　图 8-26　　　　　　　　图 8-27

（10）选择"横排文字"工具 T，输入需要的文字，在属性栏中选择合适的字体并设置文字大小，效果如图 8-28 所示，在控制面板中生成新的文字图层。

（11）选择菜单"文字 > 面板 > 字符面板"命令，弹出"字符"面板，选项的设置如图 8-29 所示，按 Enter 键确定操作，文字效果如图 8-30 所示。

图 8-28

图 8-29

图 8-30

（12）单击"图层"控制面板下方的"添加图层样式"按钮 fx，在弹出的菜单中选择"斜面和浮雕"命令，选项的设置如图 8-31 所示。选择"投影"选项，切换到相应的对话框，选项的设置如图 8-32 所示，单击"确定"按钮，效果如图 8-33 所示。

图 8-31

图 8-32

图 8-33

8.1.7　变化

选择菜单"图像 > 调整 > 变化"命令，弹出"变化"对话框，如图 8-34 所示。

图 8-34

在对话框中，上方中间的 4 个选项，可以控制图像色彩的改变范围。下方的滑块用于设置调整的等级。左上方的两幅图像显示的是图像的原始效果和调整后的效果。左下方区域是七幅小图像，可以选择增加不同的颜色效果，调整图像的亮度、饱和度等色彩值。右侧区域是三幅小图像，用于调整图像的亮度。勾选"显示修剪"复选框，在图像色彩调整超出色彩空间时显示超色域。

8.1.8 自动颜色

自动颜色命令可以对图像的色彩进行自动调整。按 Shift+Ctrl+B 组合键，可以对图像的色彩进行自动调整。

8.1.9 色调均化

色调均化命令用于调整图像或选区像素的过黑部分，使图像变得明亮，并将图像中其他的像素平均分配在亮度色谱中。选择菜单"图像 > 调整 > 色调均化"命令，在不同的色彩模式下图像将产生不同的效果，如图 8-35 所示。

原始图像效果　　　　RGB 色调均化的效果　　　CMYK 色调均化的效果　　LAB 色调均化的效果

图 8-35

命令介绍

色阶命令：用于调整图像的对比度、饱和度及灰度。

渐变映射命令：用于将图像的最暗和最亮色调映射为一组渐变色中的最暗和最亮色调。

阴影/高光命令：用于快速改善图像中曝光过度或曝光不足区域的对比度，同时保持照片的整体平衡。

色相/饱和度命令：用于调节图像的色相和饱和度。

8.1.10 课堂案例——制作怀旧照片

【案例学习目标】学习使用不同的调色命令调整照片颜色。

【案例知识要点】使用阴影/高光命令调整图片颜色；使用渐变映射命令为图片添加渐变效果；使用色阶、色相/饱和度命令调整图像颜色，效果如图 8-36 所示。

【效果所在位置】光盘/Ch08/效果/制作怀旧照片.psd。

图 8-36

（1）按 Ctrl+O 组合键，打开光盘中的"Ch08 > 素材 > 制作怀旧照片 > 01"文件，如图 8-37 所示。将"背景"图层拖曳到控制面板下方的"创建新图层"按钮 上进行复制，生成新的图层"背景 副本"，如图 8-38 所示。

图 8-37　　　　　　　　　　图 8-38

（2）选择"图像 > 调整 > 阴影/高光"命令，弹出"阴影/高光"对话框，勾选"显示更多选项"复选框，选项的设置如图 8-39 所示。单击"确定"按钮，效果如图 8-40 所示。

图 8-39　　　　　　　　　　图 8-40

（3）单击"图层"控制面板下方的"创建新的填充或调整图层"按钮 ，在弹出的菜单中选择"渐变映射"命令，在"图层"控制面板中生成"渐变映射 1"图层，同时弹出"渐变映射"面板，单击"点按可编辑渐变"按钮 ，弹出"渐变编辑器"对话框，将渐变颜色设为从黑色到灰汁色（其 R、G、B 的值分别为 138、123、92），如图 8-41 所示，单击"确定"按钮，返回到"渐变映射"对话框，其他选项的设置如图 8-42 所示，效果如图 8-43 所示。

图 8-41　　　　　　　图 8-42　　　　　　　图 8-43

（4）在"图层"控制面板上方，将"渐变"图层的混合模式选项设为"颜色"，如图 8-44 所示，图像窗口中的效果如图 8-45 所示。

图 8-44　　　　　　　　　　　图 8-45

（5）单击"图层"控制面板下方的"创建新的填充或调整图层"按钮 ，在弹出的菜单中选择"色阶"命令，在"图层"的控制面板中生成"色阶 1"图层，同时弹出"色阶"面板，选项的设置如图 8-46 所示，效果如图 8-47 所示。

图 8-46　　　　　　　　　　　图 8-47

（6）单击"图层"控制面板下方的"创建新的填充或调整图层"按钮 ，在弹出的菜单中选择"色相/饱和度"命令，在"图层"的控制面板中生成"色相/饱和度 1"图层，同时弹出"色相/饱和度"面板，选项的设置如图 8-48 所示，效果如图 8-49 所示。

图 8-48　　　　　　　　　　　图 8-49

（7）将前景色设为咖啡色（其 R、G、B 的值分别为 71、62、55）。选择"横排文字"工具 T ，输入需要的文字，在属性栏中选择合适的字体并设置文字的大小，效果如图 8-50 所示。在"图层"控制面板中生成新的文字图层。按 Ctrl+T 组合键，弹出"字符"面板，选项的设置如图 8-51 所示，效果如图 8-52 所示。在"图层"控制面板的上方，将文字图层的"不透明度"选项设为 80%，图像窗口中的效果如图 8-53 所示。

图 8-50   图 8-51

图 8-52   图 8-53

（8）按 Ctrl + O 组合键，打开光盘中的"Ch08 > 素材 > 制作怀旧照片 > 02"文件，选择"移动"工具 ，将"02"图片拖曳到"01"图像窗口的适当位置，并调整其大小，效果如图 8-54 所示，在"图层"控制面板中生成新图层并将其命名为"底纹"。

（9）在"图层"控制面板的上方，将"底纹"图层的混合模式选项设为"柔光"，"不透明度"选项设为 55%，图像窗口中的效果如图 8-55 所示。至此，怀旧照片制作完成。

图 8-54   图 8-55

8.1.11　色阶

打开一幅图像，如图 8-56 所示，选择"色阶"命令，或按 Ctrl+L 组合键，弹出"色阶"对话框，如图 8-57 所示。

图 8-56

图 8-57

对话框中间是一个直方图，其横坐标为 0~255，表示亮度值，纵坐标为图像的像素值。

通道：可以从其下拉列表中选择不同的颜色通道调整图像，如果想选择两个以上的色彩通道，要先在"通道"控制面板中选择所需要的通道，再调出"色阶"对话框。

输入色阶：控制图像选定区域的最暗和最亮色彩，通过输入数值或拖曳三角滑块来调整图像。左侧的数值框和黑色滑块用于调整黑色，图像中低于该亮度值的所有像素将变为黑色。中间的数值框和灰色滑块用于调整灰度，其数值范围为 0.01~9.99。1.00 为中性灰度，数值大于 1.00 时，将降低图像中间灰度，小于 1.00 时，将提高图像中间灰度。右侧的数值框和白色滑块用于调整白色，图像中高于该亮度值的所有像素将变为白色。

调整"输入色阶"选项的 3 个滑块后，图像将产生不同的色彩效果如图 8-58 所示。

图 8-58

图 8-58（续）

输出色阶：可以通过输入数值或拖曳三角滑块的方式来控制图像的亮度范围。左侧数值框和黑色滑块用于调整图像的最暗像素的亮度。右侧数值框和白色滑块用于调整图像的最亮像素的亮度。输出色阶的调整将增加图像的灰度，降低图像的对比度。

调整"输出色阶"选项的 2 个滑块后，图像产生不同的色彩效果，如图 8-59 所示。

图 8-59

自动：可自动调整图像并设置层次。选项：单击此按钮，弹出"自动颜色校正选项"对话框，系统将以 0.1% 的色阶来对图像进行加亮和变暗。

取消：按住 Alt 键，"取消"按钮转换为"复位"按钮，单击此按钮可以将刚调整过的色阶复位还原，可以重新进行设置。　　　　：分别为黑色吸管工具、灰色吸管工具和白色吸管工具。选中黑色吸管工具，用鼠标在图像中单击，图像中暗于单击点的所有像素都会变为黑色。用灰色吸管工具在图像中单击，单击点的像素都会变为灰色，图像中的其他颜色也会相应地调整。使用白色吸管工具在图像中单击，图像中亮于单击点的所有像素都会变为白色。双击任意吸管工具，在弹出的颜色选择对话框中设置吸管颜色。预览：勾选此复选框，可以即时显示图像的调整结果。

8.1.12　自动色阶

自动色阶命令可以对图像的色阶进行自动调整。系统将以 0.1% 的色阶来对图像进行加亮和变暗。按 Shift+Ctrl+L 组合键，可以对图像的色阶进行自动调整。

8.1.13　渐变映射

原始图像效果如图 8-60 所示，选择菜单"图像 > 调整 > 渐变映射"命令，弹出"渐变映射"对话框，如图 8-61 所示。单击"灰度映射所用的渐变"选项的色带，在弹出的"渐变编辑器"对话框中设置渐变色，如图 8-62 所示。单击"确定"按钮，图像效果如图 8-63 所示。

图 8-60　　　　　　　　　　　　　　图 8-61

图 8-62　　　　　　　　　　　　　　图 8-63

灰度映射所用的渐变：用于选择不同的渐变形式。仿色：用于为转变色阶后的图像增加仿色。反向：用于将转变色阶后的图像颜色反转。

8.1.14　阴影/高光

图像的原始效果如图 8-64 所示，选择菜单"图像 > 调整 > 阴影/高光"命令，弹出"阴影/高光"对话框，在对话框中进行设置，如图 8-65 所示。单击"确定"按钮，效果如图 8-66 所示。

图 8-64   图 8-65   图 8-66

8.1.15 色相/饱和度

原始图像效果如图 8-67 所示，选择菜单"图像 > 调整 > 色相/饱和度"命令，或按 Ctrl+U 组合键，弹出"色相/饱和度"对话框，在对话框中进行设置，如图 8-68 所示。单击"确定"按钮，效果如图 8-69 所示。

图 8-67   图 8-68   图 8-69

预设：用于选择要调整的色彩范围，可以通过拖曳各选项中的滑块来调整图像的色相、饱和度和明度。着色：用于在由灰度模式转化而来的色彩模式图像中填加需要的颜色。

原始图像效果如图 8-70 所示，在"色相/饱和度"对话框中进行设置，勾选"着色"复选框，如图 8-71 所示，单击"确定"按钮后图像效果如图 8-72 所示。

图 8-70   图 8-71   图 8-72

命令介绍

可选颜色命令：能够将图像中的颜色替换成选择后的颜色。

曝光度命令：用于调整图像的曝光度。

8.1.16　课堂案例——调整照片的色彩与明度

【案例学习目标】学习使用不同的调色命令调整图片的颜色，使用绘图工具绘制图形。

【案例知识要点】使用可选颜色命令和曝光度命令调整图片的颜色；使用画笔工具绘制星形，效果如图 8-73 所示。

【效果所在位置】光盘/Ch08/效果/调整照片的色彩与明度.psd。

图 8-73

（1）按 Ctrl+O 组合键，打开光盘中的"Ch08 > 素材 > 调整照片的色彩与明度 > 01"文件，如图 8-74 所示。将"背景"图层拖曳到"图层"控制面板下方的"创建新图层"按钮 上进行复制，生成新的图层"背景 副本"，如图 8-75 所示。

图 8-74

图 8-75

（2）选择"图像 > 调整 > 可选颜色"命令，在弹出的对话框中进行设置，如图 8-76 所示。单击"颜色"选项右侧的按钮，在弹出的菜单中选择"蓝色"选项，弹出相应的对话框，设置如图 8-77 所示。单击"颜色"选项右侧的按钮，在弹出的菜单中选择"青色"选项，弹出相应的对话框，设置如图 8-78 所示，单击"确定"按钮，效果如图 8-79 所示。

图 8-76

图 8-77

图 8-78　　　　　　　　　　　　　　　　图 8-79

（3）选择"图像 > 调整 > 曝光度"命令，在弹出的对话框中进行设置，如图 8-80 所示，单击"确定"按钮，效果如图 8-81 所示。

图 8-80　　　　　　　　　　　　　　　　图 8-81

（4）将前景色设为白色。选择"画笔"工具，单击属性栏中的"切换画笔面板"按钮，弹出"画笔"控制面板，选择"画笔笔尖形状"选项，切换到相应的面板中进行设置，如图 8-82 所示。选择"形状动态"选项，切换到相应的面板中进行设置，如图 8-83 所示。

图 8-82　　　　　　　　　　　　　　　　图 8-83

（5）选择"散布"选项，切换到相应的面板中进行设置，如图 8-84 所示，在图像窗口中拖曳鼠标并绘制星形，效果如图 8-85 所示。

（6）按 Ctrl+O 组合键，打开光盘中的"Ch08 > 素材 > 调整照片的色彩与明度 > 02"文件，选择"移动"工具，将文字图片拖曳到图像窗口中适当的位置，效果如图 8-86 所示，在"图层"控制面板中生成新的图层并将其命名为"文字"。至此，调整照片的色彩与明度制作完成。

图 8-84   图 8-85   图 8-86

8.1.17 可选颜色

原始图像效果如图 8-87 所示，选择菜单"图像 > 调整 > 可选颜色"命令，弹出"可选颜色"对话框，在对话框中进行设置，如图 8-88 所示。单击"确定"按钮，调整后的图像效果如图 8-89 所示。

图 8-87   图 8-88   图 8-89

颜色：在其下拉列表中可以选择图像中含有的不同色彩，可以通过拖曳滑块调整青色、洋红、黄色和黑色的百分比。方法：确定调整方法是"相对"或"绝对"。

8.1.18 曝光度

原始图像效果如图 8-90 所示，选择菜单"图像 > 调整 > 曝光度"命令，弹出"曝光度"对话框，进行设置后如图 8-91 所示。单击"确定"按钮，即可调整图像的曝光度，如图 8-92 所示。

图 8-90   图 8-91   图 8-92

曝光度：调整色彩范围的高光端，对极限阴影的影响很轻微。位移：使阴影和中间调变暗，对高光的影响很轻微。灰度系数校正：使用乘方函数调整图像灰度系数。

8.1.19　照片滤镜

照片滤镜命令用于模仿传统相机的滤镜效果处理图像，通过调整图片颜色可以获得各种丰富的效果。打开一幅图片，选择菜单"图像 > 调整 > 照片滤镜"命令，弹出"照片滤镜"对话框，如图 8-93 所示。

图 8-93

滤镜：用于选择颜色调整的过滤模式。颜色：单击此选项的图标，弹出"选择滤镜颜色"对话框，可以在对话框中设置精确颜色并对图像进行过滤。浓度：拖动此选项的滑块，设置过滤颜色的百分比。保留明度：勾选此复选框进行调整时，图片的白色部分颜色保持不变，取消勾选此复选框，则图片的全部颜色都随之改变，效果如图 8-94 所示。

图 8-94

8.2　特殊颜色处理

应用特殊颜色处理命令可以使图像产生丰富的变化。

命令介绍

去色命令：能够去除图像中的颜色。

阈值命令：可以提高图像色调的反差度。

色调分离命令：用于将图像中的色调进行分离，主要用于减少图像中的灰度。

8.2.1　课堂案例——制作特殊色彩的风景画

【案例学习目标】学习使用不同的调色命令调整风景画的颜色，使用特殊颜色处理命令制作特殊效果。

【案例知识要点】使用色调分离命令、曲线命令和混合模式命令调整图像颜色；使用阈值命令和通道混合器命令改变图像的颜色，效果如图 8-95 所示。

【效果所在位置】光盘/Ch08/效果/制作特殊色彩的风景画.psd。

图 8-95

1．调整图片颜色

（1）按 Ctrl+O 组合键，打开光盘中的"Ch08 > 素材 > 制作特殊色彩的风景画 > 01"文件，如图 8-96 所示。将"背景"图层拖曳到"图层"控制面板下方的"创建新图层"按钮 上进行复制，生成新的图层"背景 副本"，如图 8-97 所示。单击"背景副本"图层左侧的眼睛图标 ，将该图层隐藏，如图 8-98 所示。

图 8-96　　　　　　　　　图 8-97　　　　　　　　　图 8-98

（2）选中"背景"图层。单击"图层"控制面板下方的"创建新的填充或调整图层"按钮 ，在弹出的菜单中选择"色调分离"命令，在"图层"控制面板中生成"色调分离 1"图层，同时在弹出的"色调分离"面板中进行设置，如图 8-99 所示，按 Enter 键，效果如图 8-100 所示。

图 8-99　　　　　　　　　图 8-100

（3）单击"图层"控制面板下方的"创建新的填充或调整图层"按钮 ，在弹出的菜单中选择"曲线"命令，在"图层"控制面板中生成"曲线 1"图层，同时在弹出的"曲线"面板中进行设置，如图 8-101 所示，按 Enter 键，效果如图 8-102 所示。

图 8-101　　　　　　　　　图 8-102

（4）选中并显示"背景 副本"图层。在"图层"控制面板上方将"背景 副本"图层的混合模式选项设为"正片叠底",如图 8-103 所示,图像效果如图 8-104 所示。

图 8-103

图 8-104

（5）按 Ctrl+O 组合键,打开光盘中的"Ch08 > 素材 > 制作特殊色彩的风景画 > 02"文件,选择"移动"工具 ,将图片拖曳到图像窗口中适当的位置,效果如图 8-105 所示,在"图层"控制面板中生成新的图层并将其命名为"天空"。

（6）单击"图层"控制面板下方的"添加图层蒙版"按钮 ,为"天空"图层添加图层蒙版。将前景色设为黑色。选择"画笔"工具 ,在属性栏中单击"画笔"选项右侧的按钮 ,在弹出的画笔选择面板中选择需要的画笔形状,如图 8-106 所示。在天空图像上拖曳鼠标擦除不需要的图像,效果如图 8-107 所示。

图 8-105

图 8-106

图 8-107

2．调整图像整体颜色

（1）在"图层"控制面板中,按住 Shift 键的同时,单击"背景"图层,选中"天空"图层和"背景"图层之间的所有图层,如图 8-108 所示。并将其拖曳到控制面板下方的"创建新图层"按钮 上进行复制,生成新的副本图层。按 Ctrl+E 组合键,合并复制的图层并将其命名为"天空副本",如图 8-109 所示。选择"图像 > 调整 > 去色"命令,将图片去色,效果如图 8-110 所示。

图 8-108

图 8-109

图 8-110

（2）在"图层"控制面板上方，将"天空 副本"图层的混合模式选项设为"柔光"，如图 8-111 所示，图像效果如图 8-112 所示。

图 8-111　　　　　　　　　　　图 8-112

（3）单击"图层"控制面板下方的"创建新的填充或调整图层"按钮 ，在弹出的菜单中选择 "阈值"命令，在"图层"控制面板中生成"阈值 1"图层，同时在弹出的"阈值"面板中进行设置， 如图 8-113 所示，按 Enter 键，效果如图 8-114 所示。

（4）在"图层"控制面板上方，将"阈值 1"图层的混合模式选项设为"柔光"，图像效果如图 8-115 所示。

图 8-113　　　　　　　　图 8-114　　　　　　　　图 8-115

（5）单击"图层"控制面板下方的"创建新的填充或调整图层"按钮 ，在弹出的菜单中选择 "通道混合器"命令，在"图层"控制面板中生成"通道混合器 1"图层，同时在弹出的"通道混合器" 面板中进行设置，如图 8-116 所示，按 Enter 键，效果如图 8-117 所示。至此，特殊色彩的风景画制作 完成。

图 8-116　　　　　　　　图 8-117

8.2.2　去色

选择菜单"图像 > 调整 > 去色"命令，或按 Shift+Ctrl+U 组合键，可以去掉图像中的色彩，使图像变为灰度图，但图像的色彩模式并不改变。"去色"命令可以在图像的选区使用，对选区中的图像进行去掉图像色彩的处理。

8.2.3　阈值

原始图像效果如图 8-118 所示，选择菜单"图像 > 调整 > 阈值"命令，弹出"阈值"对话框，在对话框中拖曳滑块或在"阈值色阶"选项的数值框中输入数值，可以改变图像的阈值了，系统将使大于阈值的像素变为白色，小于阈值的像素变为黑色，使图像具有高度反差，如图 8-119 所示。单击"确定"按钮，图像效果如图 8-120 所示。

图 8-118　　　　　　　　　　图 8-119　　　　　　　　　　图 8-120

8.2.4　色调分离

原始图像效果如图 8-121 所示，选择菜单"图像 > 调整 > 色调分离"命令，弹出"色调分离"对话框，如图 8-122 所示进行设置，单击"确定"按钮，图像效果如图 8-123 所示。

图 8-121　　　　　　　　　　图 8-122　　　　　　　　　　图 8-123

色阶：可以指定色阶数，系统将以 256 阶的亮度对图像中的像素亮度进行分配。色阶数值越高，图像产生的变化越小。

8.2.5　替换颜色

替换颜色命令能够将图像中的颜色进行替换。原始图像效果如图 8-124 所示，选择菜单"图像 > 调整 > 替换颜色"命令，弹出"替换颜色"对话框。用吸管工具在花朵图像中吸取要替换的玫瑰红色，单击"替换"选项组中"结果"选项的颜色图标，弹出"选择目标颜色"对话框。将要替换的颜色设置为浅粉色，设置"替换"选项组中其他的选项，调整图像的色相、饱和度和明度，如图 8-125 所示。单击"确定"按钮，玫瑰红色的花朵被替换为浅粉色，效果如图 8-126 所示。

图 8-124 　　　　　　　　 图 8-125 　　　　　　　　 图 8-126

选区：用于设置"颜色容差"选项的数值，数值越大吸管工具取样的颜色范围越大，在"替换"选项组中调整图像颜色的效果越明显。勾选"选区"单选项，可以创建蒙版。

命令介绍

通道混合器命令：用于调整图像通道中的颜色。

8.2.6　课堂案例——将照片转换为灰度

【案例学习目标】学习使用调整命令调节图像颜色。

【案例知识要点】使用通道混合器命令调整图像颜色；使用横排文字工具输入文字，如图 8-127 所示。

【效果所在位置】光盘/Ch08/效果/将照片转换为灰度.psd。

（1）按 Ctrl + O 组合键，打开光盘中的"Ch08 > 素材 > 将照片转换为灰度 > 01"文件，如图 8-128 所示。选择"图像 > 调整 > 通道混合器"命令，弹出对话框，勾选"单色"复选框，其他选项的设置如图 8-129 所示，单击"确定"按钮，效果如图 8-130 所示。

图 8-127

图 8-128 　　　　　　　　 图 8-129 　　　　　　　　 图 8-130

（2）选择"横排文字"工具 T，在图像窗口中输入需要的文字，按 Ctrl+T 组合键，弹出"字符"面板，设置如图 8-131 所示，按 Enter 键，效果如图 8-132 所示，在"图层"控制面板中生成新的文字图层。用相同的方法输入其他文字，如图 8-133 所示。按住 Shift 键的同时，将两个文字图层同时选取，拖曳到控制面板下方的"创建新图层"按钮 上进行复制，生成新的副本图层，按 Ctrl+E 组合键，合并图层并将其命名为"动感"，如图 8-134 所示。

图 8-131

图 8-132

图 8-133

图 8-134

（3）选择"滤镜 > 模糊 > 动感模糊"命令，弹出提示对话框，单击"确定"按钮，栅格化文字，弹出"动感模糊"对话框，选项的设置如图 8-135 所示，单击"确定"按钮，效果如图 8-136 所示。将照片转换为灰度效果制作完成。

图 8-135

图 8-136

8.2.7　通道混合器

原始图像效果如图 8-137 所示，选择菜单"图像 > 调整 > 通道混合器"命令，弹出"通道混合器"对话框，在对话框中进行设置，如图 8-138 所示。单击"确定"按钮，效果如图 8-139 所示。

输出通道：可以选取要修改的通道。源通道：通过拖曳滑块来调整图像。常数：也可以通过拖曳滑块调整图像。单色：可创建灰度模式的图像。

提示　所选图像的色彩模式不同，则"通道混合器"对话框中的内容也不同。

图 8-137　　　　　　　　　　图 8-138　　　　　　　　　　图 8-139

8.2.8　匹配颜色

匹配颜色命令用于对色调不同的图片进行调整，统一成一个协调的色调。打开两张不同色调的图片，如图 8-140、图 8-141 所示。选择需要调整的图片，选择菜单"图像 > 调整 > 匹配颜色"命令，弹出"匹配颜色"对话框，在"源"选项中选择匹配文件的名称，再设置其他各选项，如图 8-142 所示，单击"确定"按钮，效果如图 8-143 所示。

图 8-140　　　　　　图 8-141　　　　　　　　图 8-142　　　　　　　　图 8-143

目标图像：在"目标"选项中显示了所选择匹配文件的名称。如果当前调整的图中有选区，勾选"应用调整时忽略选区"复选框，可以忽略图中的选区调整整张图像的颜色；不勾选"应用调整时忽略选区"复选框，可以调整图像中选区内的颜色，效果如图 8-144、图 8-145 所示。图像选项：可以通过拖动滑块来调整图像的明亮度、颜色强度、渐隐的数值，并设置"中和"选项，确定调整的方式。图像统计：用于设置图像的颜色来源。

图 8-144　　　　　　　　图 8-145

153

课堂练习——制作人物照片

【练习知识要点】使用去色命令将图像去色；使用色阶命令、渐变映射命令、图层混合模式命令改变图片的颜色，如图 8-146 所示。

【素材所在位置】光盘/Ch08/素材/制作人物照片/01。

【效果所在位置】光盘/Ch08/效果/制作人物照片.psd。

图 8-146

课后习题——制作汽车广告

【习题知识要点】使用图层混合模式命令改变天空图片的颜色；使用替换颜色命令改变图片颜色，使用画笔工具绘制装饰花朵；使用动感模糊滤镜制作汽车动感效果；使用图层样式命令制作文字特殊效果，如图 8-147 所示。

【素材所在位置】光盘/Ch08/素材/制作汽车广告/01~04。

【效果所在位置】光盘/Ch08/效果/制作汽车广告.psd。

图 8-147

第**9**章 图层的应用

本章介绍

本章主要介绍图层的基本应用知识及技巧，讲解图层的基本概念、调整方法以及混合模式、样式、智能对象图层等高级应用知识。通过本章的学习可以用图层知识制作出多变的图像效果，可以对图像快速添加样式效果，还可以单独对智能对象图层进行编辑。

- -

学习目标

- 掌握图层混合模式的应用技巧。
- 掌握图层样式控制面板、图层样式的使用技巧。
- 掌握应用填充和调整图层的应用方法。
- 了解图层复合、盖印图层与智能对象图层。

- -

技能目标

- 掌握"混合风景"的制作方法。
- 掌握"金属效果"的制作方法。
- 掌握"照片合成效果"的制作方法。
- 掌握"黄昏风景画"的制作方法。

9.1 图层的混合模式

图层混合模式在图像处理及效果制作中被广泛应用，特别是在多个图像合成方面更有其独特的作用及灵活性。

命令介绍

图层混合模式：图层混合模式中的各种样式设置，决定了当前图层中的图像与其下面图层中的图像以何种模式进行混合。

9.1.1 课堂案例——制作混合风景

【案例学习目标】为图层添加不同的模式使图层产生多种不同的效果。

【案例知识要点】使用色阶命令和图层混合模式命令更改图像的显示效果；使用画笔工具涂抹图像；使用横排文字工具和添加图层样式命令制作文字效果，如图 9-1 所示。

【效果所在位置】光盘/Ch09/效果/制作混合风景.psd。

图 9-1

（1）按 Ctrl+O 组合键，打开光盘中的"Ch09 > 素材 > 制作混合风景 > 01"文件，如图 9-2 所示。选择"图像 > 调整 > 色阶"命令，在弹出的对话框中进行设置，如图 9-3 所示，单击"确定"按钮，效果如图 9-4 所示。

图 9-2

图 9-3

图 9-4

（2）按 Ctrl+O 组合键，打开光盘中的"Ch09 > 素材 > 制作混合风景 > 02"文件，选择"移动"工具 ，将 02 图像拖曳到 01 图像窗口中，效果如图 9-5 所示，在"图层"控制面板中生成新的图层并将其命名为"02"。

（3）单击"图层"控制面板下方的"添加图层蒙版"按钮 ，为"02"图层添加蒙版。将前景色设为黑色。选择"画笔"工具 ，在属性栏中单击"画笔"选项右侧的按钮 ，在弹出的画笔选择面板中选择需要的画笔形状，如图 9-6 所示。在图像窗口中拖曳鼠标擦除不需要的图像，效果如图 9-7 所示。

图 9-5   图 9-6   图 9-7

（4）在"图层"控制面板上方将"02"图层的混合模式选项设为"叠加"，如图 9-8 所示，图像效果如图 9-9 所示。

（5）将前景色设为白色。选择"横排文字"工具 T，输入需要的文字，按 Ctrl+T 组合键，弹出"字符"面板，选项的设置如图 9-10 所示，效果如图 9-11 所示，在"图层"控制面板中生成新的文字图层。

图 9-8   图 9-9   图 9-10   图 9-11

（6）单击"图层"控制面板下方的"添加图层样式"按钮 fx，在弹出的菜单中选择"外发光"命令，在弹出的对话框中进行设置，如图 9-12 所示，单击"确定"按钮，效果如图 9-13 所示。至此，混合风景制作完成。

图 9-12   图 9-13

9.1.2 图层混合模式

图层的混合模式命令用于为图层添加不同的模式，使图层产生不同的效果。在"图层"控制面板中，"设置图层的混合模式"选项 正常 用于设定图层的混合模式，它包含有 27 种模式。

打开一幅图像，如图 9-14 所示，"图层"控制面板中的效果如图 9-15 所示。

图 9-14   图 9-15

在对"人物"图层应用不同的图层模式后，图像效果如图 9-16 所示。

正常　　　　溶解　　　　变暗　　　　正片叠底　　　　颜色加深

线性加深　　　深色　　　　变亮　　　　滤色　　　　颜色减淡

线性减淡（添加）　浅色　　　　叠加　　　　柔光　　　　强光

图 9-16

图 9-16（续）

9.2 图层样式

图层特殊效果命令用于为图层添加不同的效果，使图层中的图像产生丰富的变化。

命令介绍

图层样式命令：应用图层样式命令可以为图像添加投影、外发光、斜面和浮雕等效果，还可以制作特殊效果的文字和图形。

9.2.1 课堂案例——制作金属效果

【案例学习目标】为文字添加不同的图层样式效果制作文字的特殊效果。

【案例知识要点】使用横排文字工具添加文字；使用添加图层样式命令和剪贴蒙版命令制作文字效果，如图 9-17 所示。

【效果所在位置】光盘/Ch09/效果/制作金属效果.psd。

（1）按 Ctrl+O 组合键，打开光盘中的"Ch09 > 素材 > 制作金属效果 > 01"文件，如图 9-18 所示。将前景色设为深灰色（其 R、G、B 的值分别为 85、85、85）。选择"横排文字"工具 T，输入需要的文字，在属性栏中选择合适的字体并设置文字大小，效果如图 9-19 所示，在控制面板中生成新的文字图层。

图 9-17

图 9-18

图 9-19

（2）单击"图层"控制面板下方的"添加图层样式"按钮 fx，在弹出的菜单中选择"斜面和浮雕"命令，弹出图层样式对话框，选项的设置如图 9-20 所示。选择"内发光"选项，切换到相应的对话框，将内发光颜色设为黑色，选项的设置如图 9-21 所示。

图 9-20

图 9-21

（3）选择"渐变叠加"选项，切换到相应的对话框，选项的设置如图 9-22 所示。选择"投影"选项，切换到相应的对话框，选项的设置如图 9-23 所示。单击"确定"按钮，效果如图 9-24 所示。

图 9-22

图 9-23

图 9-24

（4）按 Ctrl+O 组合键，打开光盘中的"Ch09 > 素材 > 制作金属效果 > 02"文件，选择"移动"

工具 ，将 02 图片拖曳到图像窗口中，效果如图 9-25 所示。在"图层"控制面板中生成新的图层并将其命名为"图片"。

（5）按住 Alt 键的同时，将光标放在"X"图层和"图片"图层的中间，当光标变为 时，如图 9-26 所示，单击鼠标，创建剪贴蒙版，图像效果如图 9-27 所示。

图 9-25　　　　　　　　图 9-26　　　　　　　　图 9-27

（6）将前景色设为深灰色（其 R、G、B 的值分别为 85、85、85）。选择"横排文字"工具 ，输入需要的文字，在属性栏中选择合适的字体并设置文字大小，效果如图 9-28 所示，在控制面板中生成新的文字图层。

（7）单击"图层"控制面板下方的"添加图层样式"按钮 ，在弹出的菜单中选择"斜面和浮雕"命令，弹出对话框，选项的设置如图 9-29 所示。

图 9-28　　　　　　　　　　　　图 9-29

（8）选择"内发光"选项，切换到相应的对话框，将内发光颜色设为黑色，选项的设置如图 9-30 所示。选择"渐变叠加"选项，切换到相应的对话框，选项的设置如图 9-31 所示。

图 9-30　　　　　　　　　　　图 9-31

（9）选择"投影"选项，切换到相应的对话框，选项的设置如图 9-32 所示。单击"确定"按钮，效果如图 9-33 所示。

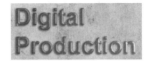

图 9-32　　　　　　　　　　　　　　　图 9-33

（10）按 Ctrl+O 组合键，打开光盘中的"Ch09 > 素材 > 制作金属效果 > 02"文件，选择"移动"工具，将 02 图片拖曳到图像窗口中，效果如图 9-34 所示。在"图层"控制面板中生成新的图层并将其命名为"图片 副本"。

（11）按住 Alt 键的同时，将光标放在"Digital Production"图层和"图片 副本"图层的中间，当光标变为时，如图 9-35 所示，单击鼠标，创建剪贴蒙版，图像效果如图 9-36 所示。

图 9-34　　　　　　　　图 9-35　　　　　　　　图 9-36

（12）单击"图层"控制面板下方的"创建新的填充或调整图层"按钮，在弹出的菜单中选择"色阶"命令，在"图层"控制面板中生成"色阶 1"图层，同时弹出"色阶"面板，选项的设置如图 9-37 所示，图像效果如图 9-38 所示。

图 9-37　　　　　　　　　图 9-38

（13）将前景色设为黑色。选择"横排文字"工具 T，输入需要的文字，在属性栏中选择合适的字体并设置文字大小，效果如图 9-39 所示，在控制面板中生成新的文字图层。选择"窗口 > 字符"命令，弹出"字符"面板，选项的设置如图 9-40 所示，文字效果如图 9-41 所示。

图 9-39

图 9-40

图 9-41

（14）将前景色设为黑色。选择"横排文字"工具 T，输入需要的文字，在属性栏中选择合适的字体并设置文字大小，效果如图 9-42 所示，在控制面板中生成新的文字图层。选择"窗口 > 字符"命令，弹出"字符"面板，选项的设置如图 9-43 所示，文字效果如图 9-44 所示。至此，金属效果制作完成。

图 9-42

图 9-43

图 9-44

9.2.2　样式控制面板

"样式"控制面板用于存储各种图层特效，并将其快速地套用在要编辑的对象中，这样，可以节省操作时间简化操作步骤。

选择要添加样式的文字，如图 9-45 所示。选择菜单"窗口 > 样式"命令，弹出"样式"控制面板，单击控制面板右上方的图标 ，在弹出的菜单中选择"Web 样式"命令，弹出提示对话框，如图 9-46 所示，单击"追加"按钮，样式被载入到控制面板中，选择"黄色回环"样式，如图 9-47 所示，文字被添加上样式，图像效果如图 9-48 所示。

图 9-45

图 9-46

图 9-47

图 9-48

样式添加完成后，"图层"控制面板中的效果如图 9-49 所示。如果要删除其中某个样式，将其直接拖曳到控制面板下方的"删除图层"按钮 🗑 上即可，如图 9-50 所示，删除后的效果如图 9-51 所示。

图 9-49

图 9-50

图 9-51

9.2.3　图层样式

Photoshop CC 提供了多种图层样式可供用户选择，它可以单独为图像添加一种样式，还可同时为图像添加多种样式。

单击"图层"控制面板右上方的图标 ≡，将弹出命令菜单，选择"混合选项"命令，弹出"混合选项"对话框，如图 9-52 所示。此对话框用于对当前图层进行特殊效果的处理。单击对话框左侧的任意选项，将弹出相应的效果对话框。

还可以单击"图层"控制面板下方的"添加图层样式"按钮 fx，弹出其下拉菜单命令，如图 9-53 所示。

图 9-52

图 9-53

斜面和浮雕命令可以使图像产生一种倾斜与浮雕的效果，描边命令可以为图像描边，内阴影命令可以使图像内部产生阴影效果，效果如图 9-54 所示。

内发光命令可以在图像的边缘内部产生一种辉光效果，光泽命令可以使图像产生一种光泽的效果，颜色叠加命令可以使图像产生一种颜色叠加效果，效果如图 9-55 所示。

斜面和浮雕   描边   内阴影

图 9-54

内发光   光泽   颜色叠加

图 9-55

  渐变叠加命令可以使图像产生一种渐变叠加效果，图案叠加命令可以在图像上添加图案效果，效果如图 9-56 所示。外发光命令可以在图像的边缘外部产生一种辉光效果，投影命令可以使图像产生阴影效果，效果如图 9-57 所示。

渐变叠加   图案叠加   外发光   投影

图 9-56   图 9-57

9.3 新建填充和调整图层

  应用填充和调整图层命令可以通过多种方式对图像进行填充和调整，使图像产生不同的效果。

命令介绍

  新建填充和调整图层命令：可以对现有图层添加一系列的特殊效果。

9.3.1 课堂案例——制作照片合成效果

【案例学习目标】学习使用填充和调整图层命令制作照片，使用图层样式命令为照片添加特殊效果。

【案例知识要点】使用图层的混合模式命令更改图像的显示效果；使用图案填充命令制作底纹效果；使用添加图层样式命令为人物图片添加阴影效果，效果如图 9-58 所示。

图 9-58

【效果所在位置】光盘/Ch09/效果/制作照片合成效果.psd。

（1）按 Ctrl+O 组合键，打开光盘中的"Ch09 > 素材 > 制作照片合成效果 > 01"文件，如图 9-59 所示。

（2）单击"图层"控制面板下方的"创建新的填充或调整图层"按钮 ，在弹出的菜单中选择"色阶"命令，在"图层"控制面板中生成"色阶 1"图层，同时弹出"色阶"面板，选项的设置如图 9-60 所示，图像效果如图 9-61 所示。

图 9-59   图 9-60   图 9-61

（3）单击"图层"控制面板下方的"创建新的填充或调整图层"按钮 ，在弹出的菜单中选择"图案填充"命令，在"图层"控制面板中生成"图案填充 1"图层，同时弹出"图案填充"对话框。单击对话框中的"形状"选项右侧的按钮 ，弹出"形状"面板，单击面板右上方的按钮 ，在弹出的菜单中选择"填充纹理 2"选项，弹出提示对话框，单击"追加"按钮。在"形状"面板中选中需要的图形，如图 9-62 所示。返回"图案填充"对话框，选项的设置如图 9-63 所示，单击"确定"按钮，效果如图 9-64 所示。

图 9-62   图 9-63   图 9-64

（4）在"图层"控制面板上方，将"图案填充 1"图层的混合模式设为"划分"，"不透明度"设为 60%，如图 9-65 所示，图像效果如图 9-66 所示。

图 9-65   图 9-66

（5）按 Ctrl+O 组合键，打开光盘中的"Ch09 > 素材 > 制作照片合成效果 > 02"文件，选择"移动"工具 ，将 02 图片拖曳到图像窗口中，效果如图 9-67 所示。在"图层"控制面板中生成新的图层并将其命名为"花纹 1"。

（6）按 Ctrl+O 组合键，打开光盘中的"Ch09 > 素材 > 制作照片合成效果 > 03"文件，选择"移动"工具 ，将 03 图片拖曳到图像窗口中，效果如图 9-68 所示。在"图层"控制面板中生成新的图层并将其命名为"人物"。

图 9-67   图 9-68

（7）单击"图层"控制面板下方的"添加图层样式"按钮 ，在弹出的菜单中选择"投影"命令，弹出对话框，选项的设置如图 9-69 所示。单击"确定"按钮，效果如图 9-70 所示。

图 9-69   图 9-70

（8）单击"图层"控制面板下方的"创建新的填充或调整图层"按钮 ，在弹出的菜单中选择

"色调分离"命令，在"图层"控制面板中生成"色调分离1"图层，同时弹出"色调分离"面板，选项的设置如图 9-71 所示，图像效果如图 9-72 所示。

图 9-71　　　　　　　　　　　　　　　　图 9-72

（9）在"图层"控制面板上方，将"色调分离1"图层的混合模式选项设为"柔光"，图像窗口中的效果如图 9-73 所示。按住 Alt 键的同时，将光标放在"人物"图层和"色调分离"图层的中间，当光标变为↓□时，如图 9-74 所示，单击鼠标，创建剪贴蒙版，图像效果如图 9-75 所示。

图 9-73　　　　　　　　图 9-74　　　　　　　　图 9-75

（10）单击"图层"控制面板下方的"创建新的填充或调整图层"按钮 ⊘，在弹出的菜单中选择"色相/饱和度"命令，在"图层"控制面板中生成"色相/饱和度1"图层，同时弹出"色相/饱和度"面板，选项的设置如图 9-76 所示，效果如图 9-77 所示。

图 9-76　　　　　　　　　　　　　　图 9-77

（11）按 Ctrl+O 组合键，打开光盘中的"Ch09 > 素材 > 制作照片合成效果 > 04"文件，选择"移动"工具 ⊹，将 04 图片拖曳到图像窗口中，效果如图 9-78 所示。在"图层"控制面板中生成新的图层并将其命名为"花纹 2"。

（12）按 Ctrl+O 组合键，打开光盘中的"Ch09 > 素材 > 制作照片合成效果 > 04"文件，选择"移动"工具 ，将 05 图片拖曳到图像窗口中，效果如图 9-79 所示。在"图层"控制面板中生成新的图层并将其命名为"花边"。至此，照片合成效果制作完成。

图 9-78   图 9-79

9.3.2 填充图层

当需要新建填充图层时，选择菜单"图层 > 新建填充图层"命令，或单击"图层"控制面板下方的"创建新的填充和调整图层"按钮 ，弹出填充图层的 3 种方式，如图 9-80 所示，选择其中的一种方式，将弹出"新建图层"对话框，如图 9-81 所示，单击"确定"按钮，将根据选择的填充方式弹出不同的填充对话框，以"渐变填充"为例，如图 9-82 所示，单击"确定"按钮，"图层"控制面板和图像的效果如图 9-83、图 9-84 所示。

纯色...
渐变...
图案...

图 9-80

图 9-81   图 9-82   图 9-83   图 9-84

9.3.3 调整图层

当需要对一个或多个图层进行色彩调整时，选择菜单"图层 > 新建调整图层"命令，或单击"图层"控制面板下方的"创建新的填充或调整图层"按钮 ，弹出调整图层的多种方式，如图 9-85 所示，选择其中的一种方式，将弹出"新建图层"对话框，如图 9-86 所示，选择不同的调整方式，将弹出不同的调整对话框，以"色阶"为例，如图 9-87 所示，按 Enter 键，"图层"控制面板和图像的效果如图 9-88、图 9-89 所示。

图 9-85

图 9-86   图 9-87   图 9-88   图 9-89

9.4 图层复合、盖印图层与智能对象图层

应用图层复合、盖印图层、智能对象图层这些命令可以提高制作图像的效率，快速地得到需要的效果。

命令介绍

图层复合：将同一文件中的不同图层效果组合并另存为多个"图层效果组合"，可以对不同图层复合中的效果进行比对。

盖印图层：将图像窗口中所有当前显示出来的图像合并到一个新的图层中。

智能对象图层：可以将一个或多个图层，甚至是矢量图形文件包含在 Photoshop 文件中。

9.4.1 课堂案例——制作黄昏风景画

【练习知识要点】使用纯色命令、图层混合模式选项、色相/饱和度命令和通道混合器命令制作黄昏风景画效果；使用横排文字工具，添加图层样式命令制作文字特殊效果，如图 9-90 所示。

【效果所在位置】光盘/Ch09/效果/制作黄昏风景画.psd。

1．添加图片纯色效果

（1）按 Ctrl+O 组合键，打开光盘中的"Ch09 > 素材 > 制作黄昏风景画 >01"文件，如图 9-90 所示。

（2）将"背景"图层拖曳到图层控制面板下方的创建新图层 ▢ 按钮上进行复制，生成新的图层"背景 副本"，如图 9-91 所示。单击"图层"控制面板下方的"创建新的填充或调整图层"按钮 ◐，在弹出的菜单中选择"纯色"命令，在弹出的对话框中进行设置，如图 9-93 所示，在"图层"控制面板中生成"颜色填充 1"图层，图像效果如图 9-94 所示。

图 9-90   图 9-91   图 9-92

图 9-93　　　　　　　　　　　　　　　　　　　图 9-94

（3）在"图层"控制面板上方，将"颜色填充 1"图层的混合模式选项设为"正片叠底"，如图 9-95
所示，图像效果如图 9-96 所示。

图 9-95　　　　　　　　　　　　图 9-96

2．调整图片颜色效果

（1）单击"图层"控制面板下方的"创建新的填充或调整图层"按钮 ，在弹出的菜单中选择
"色相/饱和度"命令，在"图层"控制面板中生成"色相/饱和度 1"图层，同时在弹出的"色相/饱和
度"面板中进行设置，如图 9-97 所示，按 Enter 键，图像效果如图 9-98 所示。

图 9-97　　　　　　　　　　　　图 9-98

（2）单击"图层"控制面板下方的"创建新的填充或调整图层"按钮 ，在弹出的菜单中选择
"通道混和器"命令，在"图层"控制面板中生成"通道混和器 1"图层，同时在弹出的"通道混和器"
面板中进行设置，如图 9-99 所示，按 Enter 键，图像效果如图 9-100 所示。

图 9-99   图 9-100

3. 添加文字

（1）将前景色设为橙色（其 R、G、B 的值分别为 219、89、25）。选择"横排文字"工具 T，在适当的位置输入需要的文字并选取文字，在属性栏中选择合适的字体并设置文字大小，效果如图 9-101 所示，在"图层"控制面板中生成新的文字图层。

（2）单击"图层"控制面板下方的"添加图层样式"按钮 fx，在弹出的菜单中选择"外发光"命令，弹出对话框，将发光颜色设为黄色（其 R、G、B 的值分别为 255、252、181），其他选项的设置如图 9-102 所示，单击"确定"按钮，效果如图 9-103 所示。至此，黄昏风景画制作完成。

图 9-101   图 9-102   图 9-103

9.4.2　图层复合

将同一文件中的不同图层效果组合并另存为多个"图层效果组合"，可以对不同的图层复合中的效果进行比对。

1. 图层复合与图层复合控制面板

"图层复合"控制面板可将同一文件中的不同图层效果组合并另存为多个"图层效果组合"，可以更加方便快捷地展示和比较不同图层组合设计之间的视觉效果。

设计好的图像效果如图 9-104 所示，"图层"控制面板中的效果如图 9-105 所示。选择菜单"窗口 > 图层复合"命令，弹出"图层复合"控制面板，如图 9-106 所示。

图 9-104

图 9-105

图 9-106

2．创建图层复合

单击"图层复合"控制面板右上方的图标，在弹出式菜单中选择"新建图层复合"命令，弹出"新建图层复合"对话框，如图 9-107 所示，单击"确定"按钮，建立"图层复合 1"，如图 9-108 所示，现在建立的"图层复合 1"中存储的是当前的制作效果。

图 9-107

图 9-108

3．应用和查看图层复合

再对图像进行修饰和编辑，图像效果如图 9-109 所示，"图层"的控制面板如图 9-110 所示。选择"新建图层复合"命令，建立"图层复合 2"，如图 9-111 所示，现在建立的"图层复合 2"中存储的是修饰编辑后的制作效果。

图 9-109

图 9-110

图 9-111

4．导出图层复合

在"图层复合"控制面板中，单击"图层复合 1"左侧的方框，显示图标，如图 9-112 所示，可以观察"图层复合 1"中的图像，效果如图 9-113 所示。单击"图层复合 2"左侧的方框，显示图标，如图 9-114 所示，可以观察"图层复合 2"中的图像，效果如图 9-115 所示。

单击"应用选中的上一图层复合"按钮 ◀ 和"应用选中的下一图层复合"按钮 ▶ ，可以快速对两次的图像编辑效果进行比较。

图 9-112

图 9-113

图 9-114

图 9-115

9.4.3 盖印图层

盖印图层是将图像窗口中所有当前显示出来的图像合并到一个新的图层中。

在"图层"控制面板中选中一个可见图层，如图 9-116 所示，按 Ctrl+Alt+Shift+E 组合键，将每个图层中的图像复制并合并到一个新的图层中，如图 9-117 所示。

图 9-116

图 9-117

提示 在执行此操作时，必须选择一个可见的图层，否则将无法实现此操作。

9.4.4 智能对象图层

智能对象全称为智能对象图层。智能对象可以将一个或多个图层，甚至是一个矢量图形文件包含在 Photoshop 文件中。以智能对象形式嵌入到 Photoshop 文件中的位图或矢量文件，与当前的 Photoshop 文件能够保持相对的独立性。当对 Photoshop 文件进行修改或对智能对象进行变形、旋转时，不会影响嵌入的位图或矢量文件。

1. 创建智能对象

使用置入命令：选择菜单"文件 > 置入"命令为当前的图像文件置入一个矢量文件或位图文件。

使用转换为智能对象命令：选中一个或多个图层后，选择菜单"图层 > 智能对象 > 转换为智能对象"命令，可以将选中的图层转换为智能对象图层。

使用粘贴命令：在 Illustrator 软件中对矢量对象进行复制，再回到 Photoshop 软件中将复制的对象进行粘贴。

2. 编辑智能对象

智能对象以及"图层"控制面板中的效果如图 9-118、图 9-119 所示。

双击"小汽车"图层的缩览图,在 Photoshop CC 中打开一个新文件,即为智能对象"小汽车",如图 9-120 所示。此智能对象文件包含 1 个普通图层和 1 个调整图层,如图 9-121 所示。

图 9-118

图 9-119

图 9-120

图 9-121

在智能对象文件中对图像进行修改并保存,效果如图 9-122 所示,修改操作将影响嵌入此智能对象文件的图像的最终效果,如图 9-123 所示。

图 9-122

图 9-123

课堂练习——制作晚霞风景画

【练习知识要点】使用纯色命令、混合模式命令、色相/饱和度命令和通道混合器命令制作照片的视觉特效,效果如图 9-124 所示。

【素材所在位置】光盘/Ch09/素材/制作晚霞风景画/01。

【效果所在位置】光盘/Ch09/效果/制作晚霞风景画.psd。

图 9-124

课后习题——制作网页播放器

【习题知识要点】使用圆角矩形工具、添加图层样式按钮、自定义形状工具制作按钮图形;使用横排文字工具添加文字,效果如图 9-125 所示。

【素材所在位置】光盘/Ch09/素材/制作网页播放器/01~04。

【效果所在位置】光盘/Ch09/效果/制作网页播放器.psd。

图 9-125

第10章 应用文字与蒙版

本章介绍

本章主要介绍 Photoshop 中文字与蒙版的应用技巧。通过本章的学习后既可以了解并掌握文字的功能及特点，掌握点文字、段落文字的输入方法，还可以变形文字的设置、路径文字的制作，及应用对图层操作制作多变图像效果的技巧。

学习目标

- 熟练掌握文字的水平和垂直输入的技巧。
- 熟练掌握文字的编辑、栅格化文字的技巧。
- 熟练掌握段落文字的输入与编辑的技巧。
- 掌握使用变形命令对文字进行变形的方法。
- 掌握在路径上创建并编辑文字的方法。
- 熟练掌握图层蒙版的添加、隐藏、链接、应用及删除的技巧。
- 掌握使用剪贴蒙版与矢量蒙版的方法。

技能目标

- 掌握"个性文字"的制作方法。
- 掌握"音乐卡片"的制作方法。
- 掌握"秋季景色效果"的制作方法。
- 掌握"婚纱照片"的制作方法。
- 掌握"蒙版效果"的制作方法。

10.1 文字的输入与编辑

应用文字工具输入文字并使用字符控制面板对文字进行调整。

命令介绍

横排文字工具：用于输入需要的文字。

10.1.1 课堂案例——制作个性文字

【案例学习目标】学习使用文字工具添加英文文字。

【案例知识要点】使用横排文字工具输入需要的文字；使用渐变工具制作文字渐变效果；使用添加图层样式命令为文字添加描边效果，如图 10-1 所示。

图 10-1

【效果所在位置】光盘/Ch10/效果/制作个性文字.psd。

（1）按 Ctrl+O 组合键，打开光盘中的"Ch10 > 素材 > 制作个性文字 > 01"文件，如图 10-2 所示。选择"裁剪"工具，在属性栏中的"设置自定长宽比"选项设为 15cm、10 cm，在图像窗口中拖曳鼠标裁剪图像，如图 10-3 所示，按 Enter 键，图像效果如图 10-4 所示。

图 10-2　　　　　　　　　图 10-3　　　　　　　　　图 10-4

（2）选择"横排文字"工具，在图像窗口中输入需要的文字，按 Ctrl+T 组合键，弹出"字符"面板，设置如图 10-5 所示，按 Enter 键，效果如图 10-6 所示，在"图层"控制面板中生成新的文字图层。用相同的方法输入其他文字，如图 10-7 所示。

图 10-5　　　　　　　　　图 10-6　　　　　　　　　图 10-7

（3）按住 Shift 键的同时，将两个文字图层同时选取，按 Ctrl+E 组合键，合并图层并将其命名为

"文字"，如图 10-8 所示。选择"移动"工具 ，按 Ctrl+T 组合键，文字周围出现变换框，按住 Alt+Shift组合键的同时，向外拖曳控制手柄，等比例放大文字，按Enter键，图像效果如图10-9所示。

（4）在"图层"控制面板中，按住 Ctrl 键的同时，单击"文字"图层的缩览图，如图 10-10 所示，在文字周围生成选区，效果如图 10-11 所示。

图 10-8　　　　　　　　　图 10-9　　　　　　　　　图 10-10　　　　　　　　　图 10-11

（5）选择"渐变"工具 ，单击属性栏中的"点按可编辑渐变"按钮 ，弹出"渐变编辑器"对话框，在"预设"选项中选择"橙、黄、橙渐变"，如图 10-12 所示，单击"确定"按钮。在属性栏中选中"线性渐变"按钮 ，按住 Shift 键的同时，在文字选区中由上至下拖曳渐变色，效果如图 10-13 所示。最后，按 Ctrl+D 组合键，取消选区。

图 10-12　　　　　　　　　　　　　　　图 10-13

（6）在"图层"控制面板中将"文字"图层拖曳到"创建新图层"按钮 进行复制，生成副本图层。按住 Ctrl 键的同时，单击"文字 副本"图层的缩览图，在文字周围生成选区，填充选区颜色为黄色（其R、G、B的值分别为251、255、0），效果如图 10-14 所示。按Ctrl+D组合键，取消选区。

（7）在"图层"控制面板中将"文字 副本"图层拖曳到"文字"图层的下方。选择"移动"工具 ，在图像窗口中微移图像，效果如图 10-15 所示。再次复制"文字"图层，载入选区并填充选区颜色为绿色（其R、G、B的值分别为0、166、10），拖曳到"文字 副本"图层的下方，微移图像，效果如图 10-16 所示。

图 10-14　　　　　　　　　图 10-15　　　　　　　　　图 10-16

（8）单击"图层"控制面板下方的"添加图层样式"按钮 fx，在弹出的菜单中选择"描边"命令，弹出对话框，将描边颜色设为黑色，其他选项的设置如图 10-17 所示，单击"确定"按钮，效果如图 10-18 所示。至此，个性文字制作完成。

图 10-17

图 10-18

10.1.2　输入水平、垂直文字

选择"横排文字"工具 T，或按 T 键，文字属性栏如图 10-19。

图 10-19

切换文本取向 ⤬：用于切换文字输入的方向。

微软雅黑 ▾ Regular ▾：用于设定文字的字体及属性。

T 12点 ▾：用于设定字体的大小。

ª 锐利 ▾：用于消除文字的锯齿，包括无、锐利、犀利、浑厚和平滑 5 个选项。

≣≣≣：用于设定文字的段落格式，分别是左对齐、居中对齐和右对齐。

▬：用于设置文字的颜色。

创建文字变形 ⤴：用于对文字进行变形操作。

切换字符和段落面板 ▤：用于打开"段落"和"字符"控制面板。

取消所有当前编辑 ⊘：用于取消对文字的操作。

提交所有当前编辑 ✓：用于确定对文字的操作。

选择"直排文字"工具 ⬇T，可以在图像中建立垂直文本，创建垂直文本工具属性栏和创建文本工具属性栏的功能基本相同。

10.1.3　输入段落文字

建立段落文字图层就是以段落文字框的方式建立文字图层。将"横排文字"工具 T 移动到图像窗口中，当光标变为 I 图标时，按住鼠标左键不放并拖曳鼠标在图像窗口中创建一个段落定界框，如

图 10-20 示。插入点显示在定界框的左上角，段落定界框具有自动换行的功能，如果输入的文字较多，则当文字遇到定界框时，会自动换到下一行显示，输入文字，效果如图 10-21 示。

如果输入的文字需要分段落，可以按 Enter 键，进行操作，还可以对定界框进行旋转、拉伸等操作。

图 10-20   图 10-21

10.1.4　栅格化文字

"图层"控制面板中文字图层的效果如图 10-22 所示，选择菜单"文字 > 栅格化文字图层"命令，可以将文字图层转换为图像图层，如图 10-23 所示。也可用鼠标右键单击文字图层，在弹出的菜单中选择"栅格化文字"命令。

图 10-22   图 10-23

10.1.5　载入文字的选区

通过文字工具在图像窗口中输入文字后，在"图层"控制面板中会自动生成文字图层，如果需要文字的选区，可以将此文字图层载入选区。按住 Ctrl 键的同时，单击文字图层的缩览图，即可载入文字选区。

10.2　创建变形文字与路径文字

在 Photoshop 中，应用创建变形文字命令与路径文字命令可以制作出多种文字变形。

命令介绍

文字变形命令：可以应用此命令对文字进行变形操作。

10.2.1　课堂案例——制作音乐卡片

【案例学习目标】学习使用创建变形文字命令制作变形文字。

【案例知识要点】使用横排文字工具输入文字，使用创建变形文字命令制作变形文字，使用添加图层样式命令为文字添加特殊效果，如图 10-24。

图 10-24

【效果所在位置】光盘/Ch10/效果/制作音乐卡片.psd。

（1）按 Ctrl+O 组合键，打开光盘中的"Ch10 > 素材 > 制作音乐卡片 > 01"文件，如图 10-25 所示。

（2）按 Ctrl+O 组合键，打开光盘中的"Ch10 > 素材 > 制作音乐卡片 > 02"文件，选择"移动"工具 ，将 02 图片拖曳到 01 图像窗口中适当的位置，效果如图 10-26 所示，在"图层"控制面板中生成新的图层并将其命名为"音乐符"。

（3）选择"横排文字"工具 T ，输入需要的文字并选取文字，在属性栏中选择合适的字体并设置文字大小，分别填充适当的颜色，效果如图 10-27 所示，在"图层"控制面板中生成新的文字图层。

图 10-25　　　　　　　　　图 10-26　　　　　　　　　图 10-27

（4）选择"横排文字"工具 T ，单击文字工具属性栏中的"创建变形文本"按钮 ，弹出"变形文字"对话框，选项的设置如图 10-28 所示，单击"确定"按钮，效果如图 10-29 所示。

图 10-28　　　　　　　　　　　　　　　　　　　图 10-29

（5）单击"图层"控制面板下方的"添加图层样式"按钮 fx ，在弹出的菜单中选择"内阴影"命令，弹出对话框，选项的设置如图 10-30 所示；选择"外发光"选项，切换到相应的对话框，选项的设置如图 10-31 所示；选择"描边"选项，切换到相应的对话框，将描边颜色设为白色，其他选项的设置如图 10-32 所示，单击"确定"按钮，效果如图 10-33 所示。

图 10-30

图 10-31

图 10-32

图 10-33

（6）将前景色设为蓝色（其 R、G、B 的值分别为 1、156、208）。选择"横排文字"工具 T.，输入需要的文字并选取文字，在属性栏中选择合适的字体并设置文字大小，效果如图 10-34 所示。在"图层"控制面板中生成新的文字图层。

（7）单击"图层"控制面板下方的"添加图层样式"按钮 fx.，在弹出的菜单中选择"外发光"命令，弹出对话框，选项的设置如图 10-35 所示；选择"描边"选项，切换到相应的对话框，将描边颜色设为白色，其他选项的设置如图 10-36 所示，单击"确定"按钮，效果如图 10-37 所示。

图 10-34

图 10-35

图 10-36

图 10-37

（8）将前景色设为白色。选择"横排文字"工具 T，分别输入需要的文字并选取文字，在属性栏中选择合适的字体并设置文字大小，效果如图 10-38 所示。在"图层"控制面板中生成新的文字图层。至此，音乐卡片制作完成，图像效果如图 10-39 所示。

图 10-38

图 10-39

10.2.2 变形文字

应用变形文字面板可以对文字进行多种样式的变形，如扇形、旗帜、波浪、膨胀、扭转等。

1. 制作扭曲变形文字

根据制作需要可以对文字进行各种变形。在图像中输入文字，如图 10-40 所示，单击文字工具属性栏中的"创建文字变形"按钮 工，弹出"变形文字"对话框，如图 10-41 所示，在"样式"选项的下拉列表中包含多种文字的变形效果，如图 10-42 所示。

图 10-40

图 10-41

图 10-42

183

文字的多种变形效果，如图 10-43 所示。

扇形	下弧	上弧	拱形
凸起	贝壳	花冠	旗帜
波浪	鱼形	增加	鱼眼

膨胀　　　　　　　挤压　　　　　　　扭转

图 10-43

2．设置变形选项

如果要修改文字的变形效果，可以调出"变形文字"对话框，在对话框中重新设置样式或更改当前应用样式的数值。

3．取消文字变形效果

如果要取消文字的变形效果，可以调出"变形文字"对话框，在"样式"选项的下拉列表中选择"无"。

10.2.3 路径文字

在路径上输入文字，并应用当前路径对文字进行编辑。

1．在路径上创建文字

选择"钢笔"工具 ✐，在图像中绘制一条路径，如图 10-44 所示。选择"横排文字"工具 T，将光标放在路径上，光标将变为 ꓭ 图标，如图 10-45 所示，单击路径出现闪烁的光标，此处则为输入文字的起始点。输入的文字会沿着路径的形状进行排列，效果如图 10-46 所示。

图 10-44　　　　　　　　图 10-45　　　　　　　　图 10-46

文字输入完成后，在"路径"控制面板中会自动生成文字路径层，如图 10-47 所示。取消"视图 > 显示额外内容"命令的选中状态，可以隐藏文字路径，如图 10-48 所示。

图 10-47　　　　　　　　图 10-48

提示　　"路径"控制面板中的文字路径层与"图层"控制面板中相对的文字图层是相链接的，删除文字图层时，文字的路径层会自动被删除，删除其他工作路径不会对文字的排列有影响。如果要修改文字的排列形状，需要对文字路径进行修改。

2．在路径上移动文字

选择"路径选择"工具，将光标放置在文字上，光标显示为图标，如图 10-49 所示，单击并沿着路径拖曳鼠标，便可以移动文字，效果如图 10-50 所示。

图 10-49　　　　　　　　图 10-50

3．在路径上翻转文字

选择"路径选择"工具，将光标放置在文字上，光标显示为图标，如图 10-51 所示，将文字向路径内部拖曳，便可以沿路径翻转文字，效果如图 10-52 所示。

4．修改路径绕排文字的形态

创建了路径绕排文字后，同样可以编辑文字绕排的路径。选择"直接选择"工具，在路径上单击，路径上显示出控制手柄，拖曳控制手柄并修改路径的形状，如图 10-53 所示，文字会按照修改后的路径进行排列，效果如图 10-54 所示。

图 10-51　　　　　　图 10-52　　　　　　图 10-53　　　　　　图 10-54

10.3　图层蒙版

在编辑图像时可以为某一图层或多个图层添加蒙版，并对添加的蒙版进行编辑、隐藏、链接、删除等操作。

命令介绍

图层蒙版：可以使图层中图像的某些部分被处理成透明或半透明的效果，而且可以恢复已经处理过的图像，这是 Photoshop 的一种独特的处理图像方式。

10.3.1　课堂案例——制作秋季景色效果

【案例学习目标】学习使用添加图层蒙版命令制作图片颜色的部分遮罩效果。

【案例知识要点】使用去色命令去除图片的颜色；使用添加蒙版命令、渐变工具和画笔工具制作局部颜色遮罩效果，秋季景色图片的效果如图 10-55 所示。

【效果所在位置】光盘/Ch10/效果/制作秋季景色效果.psd。

（1）按 Ctrl+O 组合键，打开光盘中的"Ch10 > 素材 > 制作秋季景色效果 > 01"文件，如图 10-56 所示。

（2）将"背景"图层拖曳到控制面板下方的"创建新图层"按钮 ⬜ 上进行复制，生成新的副本图层。

（3）选择"图像 > 调整 > 去色"命令，将图片去色，效果如图 10-57 所示。单击"图层"控制面板下方的"添加图层蒙版"按钮 ⬛ ，为"背景 副本"图层添加蒙版，如图 10-58 所示。

图 10-55　　　　　　图 10-56　　　　　　图 10-57　　　　　　图 10-58

（4）选择"渐变"工具 ▇，单击属性栏中的"点按可编辑渐变"按钮 ▇▇▇▇ ，弹出"渐变编辑器"对话框，将渐变色设为从白色到黑色，如图 10-59 所示，单击"确定"按钮。按住 Shift 键的同时，在图像窗口中从上向下拖曳渐变色，松开鼠标，效果如图 10-60 所示。

图 10-59　　　　　　　　　　图 10-60

（5）选择"画笔"工具 ▟，在属性栏中单击画笔图标右侧的按钮 ▾，弹出画笔选择面板，选项的设置如图 10-61 所示，在图像窗口中拖曳鼠标显示需要的图像，效果如图 10-62 所示。

图 10-61　　　　　　　　　　图 10-62

（6）按 Ctrl+O 组合键，打开光盘中的"Ch10 > 素材 > 制作秋季景色效果 > 02"文件。选择"移动"工具 �，将 02 图片拖曳到图像窗口中的适当位置，效果如图 10-63 所示。在"图层"控制面板中生成新的图层并将其命名为"文字"，如图 10-64 所示。至此，秋季景色效果制作完成。

图 10-63　　　　　　　　　　图 10-64

10.3.2 添加图层蒙版

使用控制面板按钮或快捷键：单击"图层"控制面板下方的"添加图层蒙版"按钮 ，可以创建一个图层的蒙版，如图 10-65 所示。按住 Alt 键，单击"图层"控制面板下方的"添加图层蒙版"按钮 ，可以创建一个遮盖图层全部的蒙版，如图 10-66 所示。

执行菜单"图层 > 图层蒙版 > 显示全部"命令，效果如图 10-65 所示。选择菜单"图层 > 图层蒙版 > 隐藏全部"命令，效果如图 10-66 所示。

图 10-65

图 10-66

10.3.3 隐藏图层蒙版

按住 Alt 键的同时，单击图层蒙版缩览图，此时图像窗口中的图像将被隐藏，只显示蒙版缩览图中的效果，如图 10-67 所示，"图层"控制面板中的效果如图 10-68 所示。按住 Alt 键，再次单击图层蒙版缩览图，将恢复图像窗口中的图像效果。按住 Alt+Shift 组合键的同时，单击图层蒙版缩览图，将同时显示图像和图层蒙版的内容。

图 10-67

图 10-68

10.3.4 图层蒙版的链接

在"图层"控制面板中图层缩览图与图层蒙版缩览图之间存在链接图标，当图层图像与蒙版关联时，移动图像时蒙版会同步移动，单击链接图标，将不显示此图标，可以分别对图像与蒙版进行操作。

10.3.5　应用及删除图层蒙版

在"通道"控制面板中，双击"人物蒙版"通道，弹出"图层蒙版显示选项"对话框，如图10-69 所示，可以对蒙版的颜色和不透明度进行设置。

选择菜单"图层 > 图层蒙版 > 停用"命令，或按 Shift 键的同时单击"图层"控制面板中的图层蒙版缩览图，图层蒙版被停用，如图 10-70 所示，图像将全部显示，效果如图 10-71 所示。按住 Shift 键，再次单击图层蒙版缩览图，将恢复图层蒙版效果，效果如图 10-72 所示。

图 10-69　　　　　　图 10-70　　　　　　图 10-71　　　　　　图 10-72

选择菜单"图层 > 图层蒙版 > 删除"命令，或在图层蒙版缩览图上单击鼠标右键，在弹出的下拉菜单中选择"删除图层蒙版"命令，可以将图层蒙版删除。

10.4　剪贴蒙版与矢量蒙版

剪贴蒙版和矢量蒙版可以用遮盖的方式使图像产生特殊的效果。

命令介绍

剪贴蒙版：是使用某个图层的内容来遮盖其上方的图层，遮盖效果由基底图层决定。

10.4.1　课堂案例——制作婚纱照片

【案例学习目标】学习创建剪贴蒙版制作边框。

【案例知识要点】使用剪贴蒙版命令为图片添加剪贴蒙版效果；使用横排文字工具添加文字；使用添加图层样式命令为文字添加特殊效果，如图10-73 所示。

【效果所在位置】光盘/Ch10/效果/制作婚纱照片.psd。

图 10-73

1．制作背景效果

（1）按 Ctrl+O 组合键，打开光盘中的"Ch10 > 素材 > 制作婚纱照片 > 01"文件，如图 10-74 所示。

（2）按 Ctrl+O 组合键，打开光盘中的"Ch10 > 素材 > 制作婚纱照片 > 02"文件，选择"移动"工具，将人物图片拖曳到图像窗口中适当的位置，效果如图 10-75 所示，在"图层"控制面板中生成新的图层并将其命名为"人物"。在控制面板中将"填充"选项设为 80%，图像效果如图 10-76 所示。

| 图 10-74 | 图 10-75 | 图 10-76 |

（3）单击"图层"控制面板下方的"添加图层蒙版"按钮 ，为"人物"图层添加图层蒙版。将前景色设为黑色。选择"画笔"工具，在属性栏中单击"画笔"选项右侧的按钮，弹出画笔选择面板，在面板中选择需要的画笔形状，其他选项的设置如图 10-77 所示。在图像窗口中拖曳鼠标并擦除不需要的图像，效果如图 10-78 所示。

| 图 10-77 | 图 10-78 |

2．添加装饰图形

（1）按 Ctrl+O 组合键，打开光盘中的"Ch10 ＞ 素材 ＞ 制作婚纱照片 ＞ 03"文件，选择"移动"工具，将相框图片拖曳到图像窗口中适当的位置，效果如图 10-79 所示，在"图层"控制面板中生成新的图层并将其命名为"相框"。

（2）单击"图层"控制面板下方的"添加图层样式"按钮 fx，在弹出的菜单中选择"投影"命令，弹出对话框，将投影颜色设为棕色（其 R、G、B 的值分别为 170、109、34），其他选项的设置如图 10-80 所示，单击"确定"按钮，效果如图 10-81 所示。

| 图 10-79 | 图 10-80 | 图 10-81 |

（3）选择"魔棒"工具 ，在边框图像中白色区域单击鼠标，如图 10-82 所示，按 Ctrl+J 组合键，将选中的区域复制到新的图层并将其命名为"白色矩形"。

（4）按 Ctrl+O 组合键，打开光盘中的"Ch10 > 素材 > 制作婚纱照片 > 04"文件，选择"移动"工具 ，将人物图片拖曳到图像窗口中适当的位置，效果如图 10-83 所示，在"图层"控制面板中生成新的图层并将其命名为"人物 2"。

图 10-82   图 10-83

（5）在"图层"控制面板中将"不透明度"选项设为 80%，如图 10-84 所示，图像效果如图 10-85 所示。按 Ctrl+Alt+G 组合键，为"人物 2"图层添加剪贴蒙版，效果如图 10-86 所示。

图 10-84   图 10-85   图 10-86

（6）将前景色设为绿色（其 R、G、B 的值分别为 76、139、64）。选择"横排文字"工具 ，输入需要的文字并选取文字，在属性栏中选择合适的字体并设置文字的大小，按 Alt+← 组合键适当调整文字间距，效果如图 10-87 所示，在"图层"控制面板中生成新的文字图层。选择"横排文字"工具 ，选取文字"自由"，在属性栏中选择合适的字体并设置文字的大小，效果如图 10-88 所示。

图 10-87   图 10-88

（7）单击"图层"控制面板下方的"添加图层样式"按钮 ，在弹出的菜单中选择"投影"命令，弹出对话框，选项的设置如图 10-89 所示。选择"描边"选项，切换到相应的对话框，将描边颜色设为白色，其他选项的设置如图 10-90 所示，单击"确定"按钮，效果如图 10-91 所示。

图 10-89   图 10-90   图 10-91

（8）选择"横排文字"工具 T，输入需要的文字并选取文字，在属性栏中选择合适的字体并设置文字的大小，效果如图 10-92 所示，在"图层"控制面板中生成新的文字图层。按 Alt+ →组合键，调整文字间距，文字效果如图 10-93 所示。

图 10-92   图 10-93

（9）单击"图层"控制面板下方的"添加图层样式"按钮 fx，在弹出的菜单中选择"投影"命令，弹出对话框，选项的设置如图 10-94 所示。选择"描边"选项，切换到相应的对话框，将描边颜色设为白色，其他选项的设置如图 10-95 所示，单击"确定"按钮，效果如图 10-96 所示。

图 10-94   图 10-95   图 10-96

（10）选择"横排文字"工具 T，输入需要的文字并选取文字，在属性栏中选择合适的字体并设置文字的大小，效果如图 10-97 所示。在"图层"控制面板中生成新的文字图层。至此，婚纱照片制作完成，效果如图 10-98 所示。

图 10-97   图 10-98

10.4.2　剪贴蒙版

创建剪贴蒙版：设计好的图像效果如图 10-99 所示，"图层"控制面板中的效果如图 10-100 所示，按住 Alt 键的同时，将鼠标放置到"图层 1"和"图层 2"的中间位置，光标变为 ⬐□，如图 10-101 所示。

图 10-99   图 10-100   图 10-101

单击鼠标，制作图层的剪贴蒙版，如图 10-102 所示，图像窗口中的效果如图 10-103 所示。用"移动"工具 ➤ 可以随时移动"图层 2"图像，效果如图 10-104 所示。

图 10-102   图 10-103   图 10-104

取消剪贴蒙版：如果要取消剪贴蒙版，可以选中剪贴蒙版组中上方的图层，选择菜单"图层 > 释放剪贴蒙版"命令，或按 Alt+Ctrl+G 组合键即可取消剪贴蒙版。

命令介绍

矢量蒙版：应用矢量的图形或路径可以制作图像的遮罩效果。

10.4.3 课堂案例——制作蒙版效果

【案例学习目标】学习使用矢量蒙版制作图片效果。

【案例知识要点】使用矢量蒙版命令为图层添加矢量蒙版；使用添加图层样式命令为图片添加特殊效果；使用横排文字工具添加文字，如图 10-105 所示。

【效果所在位置】光盘/Ch10/效果/制作蒙版效果.psd。

（1）按 Ctrl+O 组合键，打开光盘中的"Ch10 > 素材 > 制作蒙版效果 > 01"文件，如图 10-106 所示。

（2）按 Ctrl+O 组合键，打开光盘中的"Ch10 > 素材 >

图 10-105

制作蒙版效果 > 02"文件，选择"移动"工具 ，将人物图片拖曳到图像窗口中适当的位置，效果如图 10-107 所示，在"图层"控制面板中生成新的图层并将其命名为"图片"。

图 10-106

图 10-107

（3）按 Ctrl+T 组合键，在图像周围出现变换框，将光标放在变换框的控制手柄外边，光标变为旋转图标 ，拖曳鼠标将图像旋转到适当的角度，按 Enter 键确定操作，效果如图 10-108 所示。

（4）选择"自定义形状"工具 ，单击属性栏中的"形状"选项，弹出"形状"面板，单击面板右上方的黑色按钮 ，在弹出的菜单中选择"全部"选项，弹出提示对话框，单击"追加"按钮。在"形状"面板中选中需要的图形，如图 10-109 所示。在属性栏中的"选择工具模式"选项中选择"路径"选项，在图像窗口中绘制一个路径，如图 10-110 所示。

图 10-108

图 10-109

图 10-110

（5）选择"图层 > 矢量蒙版 > 当前路径"命令，创建矢量蒙版，效果如图 10-111 所示。单击"图层"控制面板下方的"添加图层样式"按钮 ，在弹出的菜单中选择"描边"命令，弹出对话框，设置描边颜色为粉色（其 R、G、B 的值分别为 255、206、199），其他选项的设置如图 10-112

所示。选择"内阴影"选项，切换到相应的对话框，选项的设置如图 10-113 所示，单击"确定"按钮，效果如图 10-114 所示。

图 10-111   图 10-112

图 10-113   图 10-114

（6）选择"移动"工具，单击矢量蒙版缩览图，进入蒙版编辑状态，如图 10-115 所示。选择"自定义形状"工具，单击属性栏中的"形状"选项，选中需要的图形，如图 10-116 所示。在图像窗口中绘制一个路径，效果如图 10-117 所示。使用相同的方法绘制其他图形，效果如图 10-118 所示。

图 10-115   图 10-116

图 10-117   图 10-118

（7）按 Ctrl+O 组合键，打开光盘中的"Ch10 > 素材 > 制作蒙版效果 > 03"文件，选择"移动"工具 ，将人物图片拖曳到图像窗口中适当的位置，效果如图 10-119 所示，在"图层"控制面板中生成新的图层并将其命名为"装饰"。

（8）将前景色设为粉红色（其 R、G、B 的值分别为 239、110、136）。选择"横排文字"工具 ，输入需要的文字，在属性栏中选择合适的字体并设置文字大小，效果如图 10-120 所示，在控制面板中生成新的文字图层。选取需要的文字，填充为蓝色（其 R、G、B 的值分别为 133、186、225）。效果如图 10-121 所示。

图 10-119   图 10-120   图 10-121

（9）选择"窗口 > 字符"命令，弹出"字符"面板，选项的设置如图 10-122 所示，文字效果如图 10-123 所示。按 Ctrl+T 组合键，在文字周围出现变换框，将光标放在变换框的控制手柄外边，光标变为旋转图标 ，拖曳鼠标将文字调整到适当的角度，按 Enter 键确定操作，效果如图 10-124 所示。

图 10-122   图 10-123   图 10-124

（10）单击"图层"控制面板下方的"添加图层蒙版"按钮 ，为"Colorful World"图层添加蒙版。将前景色设为黑色。选择"画笔"工具 ，在属性栏中单击"画笔"选项右侧按钮 ，在弹出的"画笔"面板中选择需要的画笔形状，其他选项的设置如图 10-125 所示。在图像窗口中擦除不需要的图像，效果如图 10-126 所示。

（11）按 Ctrl+O 组合键，打开光盘中的"Ch10 > 素材 > 制作蒙版效果 > 04"文件，选择"移动"工具 ，将人物图片拖曳到图像窗口中适当的位置，效果如图 10-127 所示，在"图层"控制面板中生成新的图层并将其命名为"文字"。

图 10-125　　　　　　　　　图 10-126　　　　　　　　　图 10-127

10.4.4　矢量蒙版

原始图像效果如图 10-128 所示。选择"自定形状"工具 ，在属性栏中的"选择工具模式"选项中选择"路径"，在形状选择面板中选择"红心形卡"图形，如图 10-129 所示。

图 10-128　　　　　　　　　　　　　　　　图 10-129

在图像窗口中绘制路径，如图 10-130 所示。选中"图层 1"，选择菜单"图层 > 矢量蒙版 > 当前路径"命令，为"图层 1"添加矢量蒙版，如图 10-131 所示，图像窗口中的效果如图 10-132 所示。选择"直接选择"工具 可以修改路径的形状，从而修改蒙版的遮罩区域，如图 10-133 所示。

图 10-130　　　　　　图 10-131　　　　　　图 10-132　　　　　　图 10-133

课堂练习——添加异型边框

【练习知识要点】使用剪贴蒙版命令添加异型边框，效果如图 10-134 所示。

【素材所在位置】光盘/Ch10/素材/添加异型边框/01、02。

【效果所在位置】光盘/Ch10/效果/添加异型边框.psd。

图 10-134

课后习题——制作儿童摄影宣传单

【习题知识要点】使用画笔工具绘制背景圆形；使用创建变形文字命令制作广告语的扭曲变形效果；使用添加图层样式命令制作特殊文字效果；使用创建剪贴蒙版命令制作旗帜图形；使用自定形状工具添加背景图案，效果如图 10-135 所示。

【素材所在位置】光盘/Ch10/素材/制作儿童摄影宣传单/01~04。

【效果所在位置】光盘/Ch10/效果/制作儿童摄影宣传单.psd。

图 10-135

第11章 使用通道与滤镜

本章介绍

本章主要介绍通道与滤镜的使用方法。通过对本章的学习，你将掌握通道的基本操作、通道蒙版的创建和使用方法，还有滤镜功能的使用技巧，这样可以快速、准确地创作出精美的图像。

学习目标

- 掌握通道控制面板的操作方法。
- 掌握通道创建、复制和删除的运用。
- 掌握通道蒙版的使用方法。
- 掌握滤镜菜单及使用的方法和技巧。

技能目标

- 掌握"通道更换照片背景"的使用方法。
- 掌握"老照片效果"的制作方法。
- 掌握"褶皱特效"的制作方法。
- 掌握"彩色铅笔效果"的制作方法。

11.1 通道的操作

应用通道控制面板可以对通道进行创建、复制、删除、分离和合并等操作。

11.1.1 课堂案例——使用通道更换照片背景

【案例学习目标】学习使用通道面板抠出人物。

【案例知识要点】使用通道控制面板、反相命令和画笔工具抠出人物；使用动感模糊滤镜命令制作人物的模糊投影；使用渐变映射命令调整图片的颜色；使用通道更换照片背景，效果如图 11-1 所示。

图 11-1

【效果所在位置】光盘/Ch11/效果/使用通道更换照片背景.psd。

1. 抠出人物

（1）按 Ctrl+O 组合键，打开光盘中的"Ch11 > 素材 > 使用通道更换照片背景 > 01、02"文件，如图 11-2、图 11-3 所示。

（2）选中 02 素材文件。选择"通道"控制面板，选中"红"通道，将其拖曳到"通道"控制面板下方的"创建新通道"按钮 上进行复制，生成新的通道"红 副本"，如图 11-4 所示。按 Ctrl+I 组合键，将图像反相，图像效果如图 11-5 所示。

图 11-2

图 11-3

图 11-4

图 11-5

（3）将前景色设置为白色。选择"画笔"工具，在属性栏中单击"画笔"选项右侧的按钮，弹出"画笔"选择面板，将"大小"选项设为 150，将"硬度"选项设为 0，在图像窗口中将人物的部分涂抹为白色，效果如图 11-6 所示。将前景色设为黑色。在图像窗口的灰色背景上涂抹，效果如图 11-7 所示。

（4）按住 Ctrl 键的同时，单击"红 副本"通道，白色图像周围生成选区。选中"RGB"通道，选择"移动"工具，将选区中的图像拖曳到 01 文件窗口中的适当位置，效果如图 11-8 所示，在"图层"控制面板中生成新图层并将其命名为"人物图片"，如图 11-9 所示。

图 11-6

图 11-7

图 11-8

图 11-9

2. 添加并调整图片颜色

（1）将"人物图片"图层拖曳到控制面板下方的"创建新图层"按钮 上进行复制，生成新图层"人物图片 副本"。选择"滤镜 > 模糊 > 动感模糊"命令，在弹出的对话框中进行设置，如图 11-10 所示，单击"确定"按钮，效果如图 11-11 所示。

（2）在"图层"控制面板中，将"人物图片 副本"图层拖曳到"人物图片"图层的下方，效果如图 11-12 所示。

图 11-10

图 11-11

图 11-12

（3）选择"人物图片"图层。单击"图层"控制面板下方的"创建新的填充或调整图层"按钮 ，在弹出的菜单中选择"渐变映射"命令，在"图层"控制面板中生成"渐变映射 1"图层，同时弹出"图案填充"对话框，单击"点按可编辑渐变"按钮 ，弹出"渐变编辑器"对话框，在"位置"选项中分别输入 0、41、100 3 个位置点，分别设置 3 个位置点的颜色的 RGB 值为 0（72、2、32），41（233、150、5），100（248、234、195），如图 11-13 所示，单击"确定"按钮，图像效果如图 11-14 所示。

图 11-13

图 11-14

（4）将前景色设为黑色。选择"横排文字"工具 ，分别输入文字并选取文字，选择"窗口 > 字符"命令，在弹出的面板中进行设置，如图 11-15 所示。分别选取文字，在属性栏中选择合适的字体并设置文字大小，效果如图 11-16 所示，在控制面板中分别生成新的文字图层。

图 11-15

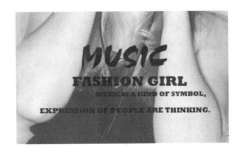

图 11-16

（5）选择"MUSIC"文字图层，按 Ctrl+T 组合键，在图形周围出现变换框，将光标放在变换框的控制手柄外边，光标变为旋转图标↰，拖曳鼠标将图形调整到适当的角度，按 Enter 键确定操作，如图 11-17所示。使用相同的方法旋转其他文字，效果如图 11-18 所示。至此，使用通道更换照片背景效果制作完成。

图 11-17

图 11-18

11.1.2 通道控制面板

通道控制面板可以管理所有的通道并对通道进行编辑。选择"窗口 > 通道"命令，弹出"通道"控制面板，如图 11-19 所示。

在"通道"控制面板的右上方有 2 个系统按钮，分别是"折叠为图标"按钮和"关闭"按钮。单击"折叠为图标"按钮可以将控制面板折叠，只显示图标。单击"关闭"按钮可以将控制面板关闭。

在"通道"控制面板中，放置区用于存放当前图像中存在的所有通道。在通道放置区中，如果选中的只是其中的一个通道，则只有这个通道处于选中状态，通道上将出现一个深色条。如果想选中多个通道，可以按住 Shift 键，再单击其他通道。通道左侧的眼睛图标 👁 用于显示或隐藏颜色通道。

在"通道"控制面板的底部有 4 个工具按钮，如图 11-20 所示。

（1）将通道作为选区载入：用于将通道作为选择区域调出。

（2）将选区存储为通道：用于将选择区域存入通道中。

（3）创建新通道：用于创建或复制新的通道。

（4）删除当前通道：用于删除图像中的通道。

图 11-19　　　　　　　图 11-20

11.1.3　创建新通道

在编辑图像的过程中，可以建立新的通道。

单击"通道"控制面板右上方的图标，弹出其命令菜单，选择"新建通道"命令，弹出"新建通道"对话框，如图 11-21 所示。

名称：用于设置当前通道的名称。

色彩指示：用于选择两种区域方式。

颜色：用于设置新通道的颜色。

不透明度：用于设置当前通道的不透明度。

单击"确定"按钮，"通道"控制面板中将创建一个新通道，即 Alpha 1，通道面板如图 11-22 所示。

图 11-21　　　　　　　　　图 11-22

单击"通道"控制面板下方的"创建新通道"按钮，也可以创建一个新通道。

11.1.4　复制通道

复制通道命令用于将现有的通道进行复制，产生相同属性的多个通道。

单击"通道"控制面板右上方的图标，弹出其命令菜单，选择"复制通道"命令，弹出"复制通道"对话框，如图 11-23 所示。

为：用于设置复制出的新通道的名称。

文档：用于设置复制通道的文件来源。

将"通道"控制面板中需要复制的通道拖曳到下方的"创建新通道"按钮上，即可将所选的通道复制为一个新的通道。

图 11-23

11.1.5 删除通道

不用的或废弃的通道可以将其删除，以免影响操作。

单击"通道"控制面板右上方的图标 ▼≣ ，弹出其命令菜单，选择"删除通道"命令，即可将通道删除。

单击"通道"控制面板下方的"删除当前通道"按钮 🗑 ，弹出提示对话框，如图 11-24 所示，单击"是"按钮，将通道删除。也可将需要删除的通道直接拖曳到"删除当前通道"按钮 🗑 上进行删除。

图 11-24

11.2 通道蒙版

在通道中可以快速地创建蒙版，还可以存储蒙版。

11.2.1 快速蒙版的制作

选择"快速蒙版"命令，可以使图像快速地进入蒙版编辑状态。打开一幅图像，效果如图 11-25 所示。选择"魔棒"工具 ✨ ，在魔棒工具属性栏中进行设定，如图 11-26 所示。按住 Shift 键，魔棒工具光标旁出现"+"号，连续单击选择扇子图形，如图 11-27 所示。

图 11-25

图 11-26

图 11-27

单击工具箱下方的"以快速蒙版模式编辑"按钮 ▣ ，进入蒙版状态，选区暂时消失，图像中未选择的区域变为红色，如图 11-28 所示。"通道"控制面板中将自动生成快速蒙版，如图 11-29 所示。快速蒙版图像如图 11-30 所示。

图 11-28

图 11-29

图 11-30

提示 系统预设蒙版颜色为半透明的红色。

选择"画笔"工具 ✎ ，在画笔工具属性栏中进行设定，如图 11-31 所示。将前景色设为白色，将快速蒙版中的扇子图形涂抹成白色，图像效果和快速蒙版如图 11-32、图 11-33 所示。

图 11-31   图 11-32   图 11-33

11.2.2 在 Alpha 通道中存储蒙版

可以将编辑好的蒙版存储到 Alpha 通道中。

用选取工具选中主体人物，生成选区，效果如图 11-34 所示。选择"选择 > 存储选区"命令，弹出"存储选区"对话框，如图 11-35 所示进行设定，单击"确定"按钮，建立通道蒙版"扇子"。或单击"通道"控制面板中的"将选区存储为通道"按钮 ▣ ，建立通道蒙版"扇子"，效果如图 11-36、图 11-37 所示。

图 11-34   图 11-35   图 11-36   图 11-37

将图像保存，再次打开图像时，选择"选择 > 载入选区"命令，弹出"载入选区"对话框，如图 11-38 所示进行设定，单击"确定"按钮，将"扇子"通道的选区载入。或单击"通道"控制面板中的"将通道作为选区载入"按钮 ⊕ ，将"扇子"通道作为选区载入，效果如图 11-39 所示。

图 11-38   图 11-39

11.3 滤镜菜单及应用

Photoshop CC 的滤镜菜单下提供了多种滤镜，选择这些滤镜命令，可以制作出奇妙的图像效果。单击"滤镜"菜单，弹出如图 11-40 所示的下拉菜单。

Photoshop CC 滤镜菜单被分为 6 部分，并用横线划分开。

第 1 部分为最近一次使用的滤镜，没有使用滤镜时，此命令为灰色，不可选择。使用任意一种滤镜后，当需要重复使用这种滤镜时，只要直接选择这种滤镜或按 Ctrl+F 组合键，即可重复使用。

第 2 部分为转换为智能滤镜，智能滤镜可随时进行修改操作。

第 3 部分为 6 种 Photoshop CC 滤镜，每个滤镜的功能都十分强大。

第 4 部分为 9 种 Photoshop CC 滤镜组，每个滤镜组中都包含多个子滤镜。

第 5 部分为 Digimarc 滤镜。

第 6 部分为浏览联机滤镜。

图 11-40

11.3.1 滤镜库的功能

Photoshop CC 的滤镜库将常用滤镜组组合在一个面板中，以折叠菜单的方式显示，并为每一个滤镜提供了直观的效果预览，使用十分方便。

选择"滤镜 > 滤镜库"命令，弹出"滤镜库"对话框，在对话框中，左侧为滤镜预览框，可显示滤镜应用后的效果；中部为滤镜列表，每个滤镜组下面包含了多个特色滤镜，单击需要的滤镜组，可以浏览到滤镜组中的各个滤镜和其相应的滤镜效果；右侧为滤镜参数设置栏，可设置所用滤镜的各个参数值，如图 11-41 所示。

图 11-41

1. 风格化滤镜组

风格化滤镜组只包含一个照亮边缘滤镜，如图 11-42 所示。此滤镜可以搜索主要颜色的变化区域并强化其过渡像素产生轮廓发光的效果，应用滤镜前后的效果如图 11-43、图 11-44 所示。

图 11-42

图 11-43

图 11-44

2. 画笔描边滤镜组

画笔描边滤镜组包含 8 个滤镜，如图 11-45 所示。此滤镜组对 CMYK 和 Lab 颜色模式的图像都不起作用。应用不同的滤镜制作出的效果如图 11-46 所示。

图 11-45   原图   成角的线条   墨水轮廓

喷溅   喷色描边   强化的边缘

深色线条   烟灰墨   阴影线

图 11-46

3. 扭曲滤镜组

扭曲滤镜组包含 3 个滤镜，如图 11-47 所示。此滤镜组可以生成一组从波纹到扭曲图像的变形效果。应用不同的滤镜制作出的效果如图 11-48 所示。

图 11-47

原图   玻璃   海洋波纹   扩散亮光

图 11-48

4. 素描滤镜组

素描滤镜组包含 14 个滤镜，如图 11-49 所示。此滤镜只对 RGB 或灰度模式的图像起作用，可以制作出多种绘画效果。应用不同的滤镜制作出的效果如图 11-50 所示。

图 11-49　　　　原图　　　　半调图案　　　　便条纸　　　　粉笔和炭笔　　　　铬黄渐变

绘图笔　　　　基底凸现　　　　石膏效果　　　　水彩画纸　　　　撕边

炭笔　　　　炭精笔　　　　图章　　　　网状　　　　影印

图 11-50

5. 纹理滤镜

纹理滤镜组包含 6 个滤镜，如图 11-51 所示。此滤镜可以使图像中各颜色之间产生过渡变形的效果。应用不同的滤镜制作出的效果如图 11-52 所示。

原图　　　　颗粒　　　　龟裂缝

图 11-51　　　　　　　　　　图 11-52

| 马赛克拼贴 | 拼缀图 | 染色玻璃 | 纹理化 |

图 11-52（续）

6．艺术效果滤镜

艺术效果滤镜组包含 15 个滤镜，如图 11-53 所示。此滤镜只有在 RGB 颜色模式和多通道颜色模式下才可用。应用不同的滤镜制作出的效果如图 11-54 所示。

图 11-53　　　原图　　　壁画　　　彩色铅笔　　　粗糙蜡笔

| 底纹效果 | 干画笔 | 海报边缘 | 海绵 |

| 绘画涂抹 | 胶片颗粒 | 木刻 | 霓虹灯光 |

图 11-54

水彩　　　　　　　　塑料包装　　　　　　　调色刀　　　　　　　　涂抹棒

图 11-54（续）

7．滤镜叠加

在"滤镜库"对话框中可以创建多个效果图层，每个图层可以应用不同的滤镜，从而使图像产生多个滤镜叠加后的效果。

为图像添加"强化的边缘"滤镜，如图 11-55 所示，单击"新建效果图层"按钮，生成新的效果图层，如图 11-56 所示。为图像添加"海报边缘"滤镜，叠加后的效果如图 11-57 所示。

图 11-55

图 11-56　　　　　　　　　　　　　　　　　　　　图 11-57

11.3.2　自适应广角

自适应广角滤镜是 Photoshop CC 中推出的一项新功能，可以利用它对具有对广角、超广角及鱼眼效果的图片进行校正。

打开如图 11-58 所示的图像。选择"滤镜 > 自适应广角"菜单命令，弹出如图 11-59 所示的对话框。

图 11-58　　　　　　　　　　　　　　　　图 11-59

在对话框左侧的图片上需要调整的位置拖曳一条直线，如图 11-60 所示。再将中间的节点向下拖曳到适当的位置，图片自动调整为直线，如图 11-61 所示，单击"确定"按钮，照片调整后的效果如图 11-62 所示。用相同的方法也可以调整上方的屋顶，效果如图 11-63 所示。

图 11-60　　　　　　　　　　　　　　　　图 11-61

图 11-62　　　　　　　　　　　　　　　　图 11-63

11.3.3　Camera Raw 滤镜

Camera Raw 滤镜可以调整照片的颜色，包括白平衡、色调以及饱和度，对图像进行锐化处理、减少杂色、纠正镜头问题以及重新修饰。

打开如图 11-64 所示的图像。选择"滤镜 > Camera Raw 滤镜"菜单命令，弹出如图 11-65 所示的对话框。

图 11-64

图 11-65

单击"基本"选项卡，设置如图 11-66 所示，单击"确定"按钮，效果如图 11-67 所示。

图 11-66

图 11-67

11.3.4　镜头校正

镜头校正滤镜可以修复常见的镜头瑕疵，如桶形失真、枕形失真、晕影和色差等，也可以使用该滤镜旋转图像，或修复由于相机在垂直或水平方向上倾斜而导致的图像透视错视现象。

打开如图 11-68 所示的图像。选择"滤镜 > 镜头校正"菜单命令，弹出如图 11-69 所示的对话框。

图 11-68   图 11-69

单击"自定"选项卡，设置如图 11-70 所示，单击"确定"按钮，效果如图 11-71 所示。

图 11-70   图 11-71

11.3.5 液化滤镜

液化滤镜命令可以制作出各种类似液化的图像变形效果。

打开一幅图像，选择"滤镜 > 液化"命令，或按 Shift+Ctrl+X 组合键，弹出"液化"对话框，勾选右侧的"高级模式"复选框，如图 11-72 所示。

左侧的工具箱由上到下分别为："向前变形"工具 、"重建"工具 、"褶皱"工具 、"膨胀"工具 、"左推"工具 、"抓手"工具 和"缩放"工具 。

工具选项："画笔大小"选项用于设定所选工具的笔触大小；"画笔密度"选项用于设定画笔的浓重

度;"画笔压力"选项用于设定画笔的压力,压力越小,变形的过程越慢;"画笔速率"选项用于设定画笔的绘制速度;"光笔压力"选项用于设定压感笔的压力。

重建选项:"重建"按钮用于对变形的图像进行重置;"恢复全部"按钮用于将图像恢复到打开时的状态。

蒙版选项:用于选择通道蒙版的形式。选择"无"按钮,可以不制作蒙版;选择"全部蒙住"按钮,可以为全部的区域制作蒙版;选择"全部反相"按钮,可以解冻蒙版区域并冻结剩余的区域。

视图选项:勾选"显示图像"复选框可以显示图像;勾选"显示网格"复选框可以显示网格,"网格大小"选项用于设置网格的大小,"网格颜色"选项用于设置网格的颜色;勾选"显示蒙版"复选框,可以显示蒙版,"蒙版颜色"选项用于设置蒙版的颜色。勾选"显示背景"复选框,在"使用"选项的下拉列表中可以选择"所有图层";在"模式"选项的下拉列表中可以选择不同的模式;在"不透明度"选项中可以设置不透明度。

图 11-72

在对话框中对图像进行变形,如图 11-73 所示,单击"确定"按钮,完成图像的液化变形,效果如图 11-74 所示。

图 11-73

图 11-74

11.3.6 油画滤镜

油画滤镜可以将照片或图片制作成油画效果。

打开如图 11-75 所示的图像。选择"滤镜 > 油画"菜单命令，弹出如图 11-76 所示的对话框。画笔选项组可以设置笔刷的样式化、清洁度、缩放和硬毛刷细节，光照选项组可以设置角的方向和亮光情况。具体的设置如图 11-77 所示，单击"确定"按钮，效果如图 11-78 所示。

图 11-75

图 11-76

图 11-77

图 11-78

11.3.7 消失点滤镜

应用消失点滤镜，可以制作建筑物或任何矩形对象的透视效果。

选中图像中的建筑物，生成选区，如图 11-79 所示。按 Ctrl + C 组合键复制选区中的图像，取消选区。选择"滤镜 > 消失点"命令，弹出"消失点"对话框，在对话框的左侧选中"创建平面工具"按钮 ，在图像中单击定义四个角的节点，如图 11-80 所示，节点之间会自动连接称为透视平面，如图 11-81 所示。

图 11-79　　　　　　　　　图 11-80　　　　　　　　　图 11-81

按 Ctrl + V 组合键将刚才复制的图像粘贴到对话框中，如图 11-82 所示。将粘贴的图像拖曳到透视平面中，如图 11-83 所示。

图 11-82　　　　　　　　　　　图 11-83

按住 Alt 键的同时，复制并向上拖曳建筑物，如图 11-84 所示。用相同的方法，再复制两次建筑物，如图 11-85 所示。单击"确定"按钮，建筑物的透视变形效果如图 11-86 所示。

图 11-84　　　　　　　　　图 11-85　　　　　　　　　图 11-86

在"消失点"对话框中，透视平面显示为蓝色时为有效的平面，显示为红色时为无效的平面，无法计算平面的长宽比，也无法拉出垂直平面；显示为黄色时为无效的平面，无法解析平面的所有消失点，如图 11-87 所示。

蓝色透视平面　　　　　　　红色透视平面　　　　　　　黄色透视平面

图 11-87

11.3.8　课堂案例——制作老照片效果

【案例学习目标】学习使用多种滤镜命令及调整命令制作图像效果。

【案例知识要点】使用去色命令、亮度/对比度命令和变化命令调整图片颜色；使用添加杂色滤镜命令、云彩滤镜命令和纤维滤镜命令制作老照片效果，如图 11-88 所示。

【效果所在位置】光盘/Ch11/效果/制作老照片效果.psd。

1. 添加照片并调整颜色

（1）按 Ctrl + O 组合键，打开光盘中的"Ch11 > 素材 > 制作老照片效果 > 01"文件，效果如图 11-89 所示。按 Ctrl+Shift+U 组合键，将图片去色，效果如图 11-90 所示。

图 11-88　　　　　　　图 11-89　　　　　　　图 11-90

（2）选择菜单"图像 > 调整 > 亮度/对比度"命令，在弹出的对话框中进行设置，如图 11-91 所示，单击"确定"按钮，效果如图 11-92 所示。

（3）选择菜单"滤镜 > 杂色 > 添加杂色"命令，在弹出的对话框中进行设置，如图 11-93 所示，单击"确定"按钮，效果如图 11-94 所示。

图 11-91　　　　　　图 11-92　　　　　　图 11-93　　　　　　图 11-94

217

（4）选择菜单"图像 > 调整 > 变化"命令，弹出"变换"对话框，在对话框中单击两次"加深黄色"选项中的图像，如图 11-95 所示，单击"确定"按钮，效果如图 11-96 所示。

图 11-95

图 11-96

2. 制作老照片效果

（1）新建图层并将其命名为"滤镜效果"，如图 11-97 所示。按 D 键，将工具箱中的前景色和背景色恢复为默认的黑、白两色。选择"滤镜 > 渲染 > 云彩"命令，图像效果如图 11-98 所示。

（2）选择菜单"滤镜 > 渲染 > 纤维"命令，在弹出的对话框中进行设置，如图 11-99 所示，单击"确定"按钮，效果如图 11-100 所示。

图 11-97

图 11-98

图 11-99

图 11-100

（3）在"图层"控制面板上方，将"滤镜效果"图层的混合模式设置为"颜色加深"，如图 11-101 所示，图像效果如图 11-102 所示。至此，制作老照片效果制作完成。

图 11-101　　　　　　　　　图 11-102

11.3.9　杂色滤镜

杂色滤镜可以混合干扰，制作出着色像素图案的纹理。杂色滤镜的子菜单项如图 11-103 所示。应用不同的滤镜制作出的效果如图 11-104 所示。

图 11-103　　　　　原图　　　　　　减少杂色　　　　　蒙尘与划痕

去斑　　　　　　添加杂色　　　　　中间值

图 11-104

11.3.10　渲染滤镜

渲染滤镜可以在图片中产生照明的效果，它也可以产生不同的光源效果和夜景效果。渲染滤镜的子菜单项如图 11-105 所示。应用不同的滤镜制作出的效果如图 11-106 所示。

　　　　　　　　　原图　　　　　　　分层云彩　　　　　　光照效果

图 11-105　　　　　　　　　　图 11-106

镜头光晕   纤维   云彩

图 11-106（续）

11.3.11 课堂案例——制作褶皱特效

【案例学习目标】学习使用渲染滤镜、风格化滤镜和模糊滤镜制作褶皱特效。

【案例知识要点】使用分层云彩命令、浮雕效果命令和高斯模糊命令制作褶皱效果；使用色彩平衡命令调整图片的色调，褶皱特效效果如图 11-107 所示。

【效果所在位置】光盘/Ch06/效果/制作褶皱特效.psd。

1. 制作褶皱底图

（1）按 Ctrl+N 组合键，新建一个文件，宽度为 32.17cm，高度为 48.26cm，分辨率为 300ppi，颜色模式为 RGB，背景内容为白色，单击"确定"按钮。

（2）按 D 键，在工具箱中将前景色和背景色恢复成默认的黑、白两色。选择"滤镜 > 渲染 > 云彩"命令，得到的图像效果如图 11-108 所示。

图 11-107

（3）选择"滤镜 > 渲染 > 分层云彩"命令，重复多次后，得到的图像效果如图 11-109 所示。

（4）选择"滤镜 > 风格化 > 浮雕效果"命令，在弹出的对话框中进行设置，如图 11-110 所示，单击"确定"按钮，效果如图 11-111 所示。

图 11-108   图 11-109   图 11-110   图 11-111

（5）选择"滤镜 > 模糊 > 高斯模糊"命令，在弹出的对话框中进行设置，如图 11-112 所示，单击"确定"按钮，效果如图 11-113 所示。

（6）制作完成所需要的褶皱效果后，按 Ctrl+Shift+S 组合键，将褶皱纹理存储为 PSD 格式的置换图。按 Ctrl+Z 组合键，返回到图像模糊处理前的步骤。

图 11-112　　　　　　　　　　图 11-113

2. 制作人物图片的纹理效果

（1）按 Ctrl+O 组合键，打开光盘中的"Ch06 > 素材 > 制作褶皱效果 > 01"文件，选择"移动"工具 ，将 01 图片拖曳到图像窗口中的适当位置并调整其大小，效果如图 11-114 所示，在"图层"控制面板中生成新的图层并将其命名为"人物图片"，如图 11-115 所示。

图 11-114　　　　　　　　　　图 11-115

（2）选择"滤镜 > 扭曲 > 置换"命令，在弹出的对话框中进行设置，如图 11-116 所示，单击"确定"按钮，弹出"选取一个置换图"对话框，选择前面保存的置换图，如图 11-117 所示，单击"打开"按钮，得到的图像效果如图 11-118 所示。

图 11-116　　　　　　　　图 11-117　　　　　　　　图 11-118

（3）选择"滤镜 > 纹理 > 纹理化"命令，在弹出的对话框中进行设置，如图 11-119 所示，单击"确定"按钮，效果如图 11-120 所示。

图 11-119　　　　　　　　　　　　　　　　　　　图 11-120

（4）在"图层"控制面板上方，将"人物图片"图层的混合模式设为"叠加"，图像效果如图 11-121
所示。

（5）单击"图层"控制面板下方的"创建新的填充或调整图层"按钮 ◌ ，在弹出的菜单中选择"色
彩平衡"命令，在"图层"控制面板中生成"色彩平衡 1"图层，同时弹出"色彩平衡"面板，选项的
设置如图 11-122 所示，按 Enter 键，图像效果如图 11-123 所示。至此，褶皱效果制作完成。

图 11-121　　　　　　　　图 11-122　　　　　　　　图 11-123

11.3.12　像素化滤镜

像素化滤镜可以用于将图像分块或将图像平面化。像素化滤镜的子菜单项如图 11-124 所示。应用不
同的滤镜制作出的效果如图 11-125 所示。

　　　　　　　　　　原图　　　　　　　　　彩块化　　　　　　　　彩色半调　　　　　　　　点状化

图 11-124　　　　　　　　　　　　　　　　　　图 11-125

| 晶格化 | 马赛克 | 碎片 | 铜板雕刻 |

图 11-125（续）

11.3.13 课堂案例——制作彩色铅笔效果

【案例学习目标】学习使用多种滤镜命令及绘图工具制作彩色铅笔效果。

【案例知识要点】使用颗粒滤镜制作图片颗粒效果；使用画笔描边滤镜为图片添加描边效果；使用查找边缘滤镜调整图片色调；使用影印滤镜制作图片影印效果，如图 11-126 所示。

【效果所在位置】光盘/Ch11/效果/制作彩色铅笔效果.psd。

1. 制作图片颗粒效果

（1）按 Ctrl＋O 组合键，打开光盘中的"Ch11 > 素材 > 制作彩色铅笔效果 > 01"文件，图像效果如图 11-127 所示。

图 11-126

（2）将"背景"图层拖曳到控制面板下方的"创建新图层"按钮 上进行复制，生成新图层"背景 副本"。将背景色设为白色。选择菜单"滤镜 > 纹理 > 颗粒"命令，在弹出的对话框中进行设置，如图 11-128 所示，单击"确定"按钮，效果如图 11-129 所示。

| 图 11-127 | 图 11-128 | 图 11-129 |

（3）选择菜单"滤镜 > 画笔描边 > 成角的线条"命令，在弹出的对话框中进行设置，如图 11-130 所示，单击"确定"按钮，效果如图 11-131 所示。

图 11-130　　　　　　　　　　　　图 11-131

（4）将"背景 副本"图层拖曳到控制面板下方的"创建新图层"按钮 ▣ 上进行复制，将其复制两次，生成新的副本图层。分别单击两个副本图层左侧的眼睛图标 👁，将其隐藏。单击"背景 副本"图层，单击"图层"控制面板下方的"添加图层蒙版"按钮 ▣，为"背景 副本"图层添加图层蒙版，如图 11-132 所示。

（5）将前景色设为黑色。选择"画笔"工具 ✐，在属性栏中单击"画笔"选项右侧的按钮 ，弹出"画笔"选择面板，在面板中选择需要的画笔形状，如图 11-133 所示。在图像窗口中涂抹小女孩的脸部，擦除脸部的纹理，效果如图 11-134 所示。

图 11-132　　　　　　　图 11-133　　　　　　　图 11-134

2. 制作彩色铅笔效果

（1）显示并选中"背景 副本 2"图层。选择菜单"滤镜 > 风格化 > 查找边缘"命令，效果如图 11-135 所示。在"图层"控制面板上方，将"背景 副本 2"图层的混合模式选项设为"叠加"，"填充"选项设为 80%，如图 11-136 所示，图像效果如图 11-137 所示。

图 11-135　　　　　　　图 11-136　　　　　　　图 11-137

（2）显示并选中"背景 副本 3"图层。选择菜单"滤镜 > 素描 > 影印"命令，在弹出的对话框中进行设置，如图 11-138 所示，单击"确定"按钮，效果如图 11-139 所示。

图 11-138　　　　　　　　　　　　　　　图 11-139

（3）在"图层"控制面板上方，将"背景 副本 3"图层的混合模式选项设为"强光"，"填充"选项设为 60%，如图 11-140 所示，图像效果如图 11-141 所示。至此，彩色铅笔效果制作完成。

图 11-140　　　　　　　　图 11-141

11.3.14　风格化滤镜

风格化滤镜可以产生印象派及其他风格画派作品的效果，它是完全模拟真实艺术手法进行创作的。风格化滤镜的子菜单项如图 11-142 所示。应用不同的滤镜制作出的效果如图 11-143 所示。

原图　　　　　　查找边缘　　　　　　等高线　　　　　　风　　　　　　浮雕效果

图 11-142　　　　　　　　　　　　　　　图 11-143

扩散　　　　　　拼贴　　　　　　曝光过度　　　　　　凸出

图 11-143（续）

11.3.15　模糊滤镜

模糊滤镜可以使图像中过于清晰或对比度强烈的区域，产生模糊效果。此外，还可以用于制作柔和阴影。模糊效果滤镜的子菜单项如图 11-144 所示。应用不同滤镜制作出的效果如图 11-145 所示。

图 11-144　　原图　　　　场景模糊　　　　光圈模糊　　　　移轴模糊　　　　表面模糊

动感模糊　　　　方框模糊　　　　高斯模糊　　　　进一步模糊　　　　径向模糊

镜头模糊　　　　模糊　　　　平均　　　　特殊模糊　　　　形状模糊

图 11-145

11.3.16　扭曲滤镜

扭曲滤镜效果可以生成一组从波纹到扭曲图像的变形效果。扭曲滤镜的子菜单项如图 11-146 所示。

应用不同滤镜制作出的效果如图 11-147 所示。

图 11-146　　　原图　　　　波浪　　　　波纹　　　　极坐标　　　　挤压

切变　　　　球面化　　　　水波　　　　旋转扭曲　　　　置换

图 11-147

11.3.17　锐化滤镜

锐化滤镜可以通过生成更大的对比度来使图像清晰化和增强处理图像的轮廓。此组滤镜可减少图像修改后产生的模糊效果。锐化滤镜的子菜单项如图 11-148 所示。应用锐化滤镜组制作的图像效果如图 11-149 所示。

图 11-148　　　原图　　　　防抖　　　　USM 锐化

进一步锐化　　　　锐化　　　　锐化边缘　　　　智能锐化

图 11-149

11.3.18　智能滤镜

常用滤镜在应用后就不能改变滤镜命令中的数值了，智能滤镜是针对智能对象使用的、可调节滤镜效果的一种应用模式。

添加智能滤镜：在"图层"控制面板中选中要应用滤镜的图层，如图 11-150 所示。选择"滤镜 > 转换为智能滤镜"命令，将普通滤镜转换为智能滤镜，此时，弹出提示对话框，提示将选中的图层转换为智能对象，单击"确定"按钮，"图层"控制面板中的效果如图 11-151 所示。选择菜单"滤镜 > 模糊 > 动感模糊"命令，为图像添加拼级图效果，在"图层"控制面板此图层的下方显示出滤镜名称，如图 11-152 所示。

图 11-150

图 11-151

图 11-152

编辑智能滤镜：可以随时调整智能滤镜中各选项的参数来改变图像的效果。双击"图层"控制面板中要修改参数的滤镜名称，在弹出的相应对话框中重新设置参数即可。单击滤镜名称右侧的"双击以编辑滤镜混合选项"图标 ，弹出"混合选项"对话框，在对话框中可以设置滤镜效果的模式和不透明度，如图 11-153 所示。

图 11-153

11.4　滤镜使用技巧

重复使用滤镜、对局部图像使用滤镜可以使图像产生更加丰富、生动的变化。

11.4.1　重复使用滤镜

如果在使用一次滤镜后，效果不理想，可以按 Ctrl+F 组合键，重复使用滤镜。重复使用染色玻璃滤镜的不同效果如图 11-154 所示。

图 11-154

11.4.2　对图像局部使用滤镜

对图像局部使用滤镜，是常用的处理图像的方法。在要应用的图像上绘制选区，如图 11-155 所示，对选区中的图像使用球面化滤镜，效果如图 11-156 所示。如果对选区进行羽化后再使用滤镜，就可以得到与原图溶为一体的效果。在"羽化选区"对话框中设置羽化的数值，如图 11-157 所示，对选区进行羽化后再使用滤镜得到的效果如图 11-158 所示。

图 11-155　　　　　图 11-156　　　　　　　　　图 11-157　　　　　　　　图 11-158

11.4.3　对通道使用滤镜

如果分别对图像的各个通道使用滤镜，结果和对原图像直接使用滤镜的效果是一样的。对图像的单独通道使用滤镜，可以得到一种非常好的效果。原始图像效果如图 11-159 所示，对图像的绿、蓝通道分别使用径向模糊滤镜后得到的效果如图 11-160 所示。

图 11-159　　　　　　　　　图 11-160

11.4.4　对滤镜效果进行调整

对图像应用"点状化"滤镜后，效果如图 11-161 所示，按 Ctrl+Shift+F 组合键，弹出"渐隐"对话框，调整不透明度并选择模式，如图 11-162 所示，单击"确定"按钮，滤镜效果产生变化，如图 11-163 所示。

图 11-161　　　　　　　　　　图 11-162　　　　　　　　　　图 11-163

课堂练习——制作油彩画效果

【练习知识要点】使用历史记录艺术画笔工具、色相/饱和度命令、去色命令和浮雕效果滤镜制作油画，效果如图 11-164 所示。

【素材所在位置】光盘/Ch11/素材/制作油彩画效果/01。

【效果所在位置】光盘/Ch11/效果/制作油彩画效果.psd。

图 11-164

课后习题——制作冰冻效果

【习题知识要点】使用水彩滤镜、照亮边缘滤镜和铬黄渐变滤镜制作冰的质感；使用色阶命令和图层混合模式命令编辑图像效果；使用文本工具添加文字，效果如图 11-165 所示。

【素材所在位置】光盘/Ch11/素材/制作冰冻效果/01。

【效果所在位置】光盘/Ch11/效果/制作冰冻效果.psd。

图 11-165

第**12**章 商业案例实训

本章介绍

本章的综合设计实训案例，是根据商业设计项目真实情境训练读者如何利用所学知识完成商业设计项目。通过多个设计项目案例的演练，使读者进一步牢固掌握 Photoshop CC 的强大操作功能和使用技巧，并应用好所学技能制作出专业的商业设计作品。

学习目标

- 掌握椭圆工具和画笔工具的使用方法。
- 掌握矩形工具和钢笔工具的使用方法。
- 掌握滤镜库命令的使用方法。
- 掌握矩形选框工具和羽化命令的制作技巧。
- 掌握剪切蒙版命令的使用方法。
- 掌握渐变工具的制作方法。

技能目标

- 掌握卡片设计——婚庆请柬的制作方法。
- 掌握照片模板设计——幸福相伴照片的制作方法。
- 掌握宣传单设计——餐饮宣传单的制作方法。
- 掌握广告设计——牙膏广告的制作方法。
- 掌握书籍装帧设计——儿童教育书籍的设计方法。
- 掌握包装设计——果汁饮料包装的制作方法。
- 掌握网页设计——宠物医院网页的制作方法。

12.1 卡片设计——制作婚庆请柬

12.1.1 【项目背景及要求】

1. 客户名称

良缘婚庆礼仪公司

2. 客户需求

良缘婚庆礼仪公司是一家专职婚庆全程策划执行、礼仪庆典、商业演出、开业庆典、周年庆典、剪彩仪式、楼盘开幕等业务的公司，目前公司需要制作一个婚庆请柬，要求符合婚礼浪漫、甜蜜的主题。

3. 设计要求

（1）请柬设计要求时尚简洁，以卡通插画作为请柬的主要内容。

（2）使用温馨的色彩搭配迎合婚礼的主题。

（3）设计要求体现本公司时尚新潮的特点，并且具有创新。

（4）设计规格均为 90mm（宽）×180mm（高），分辨率为 300 dpi。

12.1.2 【项目创意及流程】

1. 素材资源

图片素材所在位置：光盘中的"Ch12 > 素材 > 制作婚庆请柬 > 01~06"。

文字素材所在位置：光盘中的"Ch12 > 素材 > 制作婚庆请柬 > 文字文档"。

2. 设计流程

制作背景效果　　添加装饰边框　　制作心形效果　　添加素材图片　　最终效果

3. 制作要点

使用滤镜库中的纹理化滤镜制作背景效果；使用移动工具添加装饰图案；使用投影命令为文字添加投影效果。

12.1.3 【案例制作及步骤】

1. 制作背景纹理

（1）按 Ctrl+N 组合键，新建一个文件，宽度为 90mm，高度为 180mm，分辨率为 300ppi，颜色模式为 RGB，背景内容为白色，单击"确定"按钮。将前景色设为粉色（其 R、G、B 值分别为 255、197、197）。按 Alt+Delete 组合键，用前景色填充背景图层，效果如图 12-1 所示。

（2）选择"滤镜 > 滤镜库"命令，在弹出的对话框中进行设置，如图 12-2 所示，单击"确定"按钮，效果如图 12-3 所示。

图 12-1 　　　　　　　　　　　图 12-2 　　　　　　　　　　　图 12-3

2．添加装饰图像

（1）按 Ctrl+O 组合键，打开光盘中的"Ch12 > 素材 > 制作婚庆请柬 > 01"文件。选择"移动"工具 ，将 01 图片拖曳到图像窗口中的适当位置并调整其大小，效果如图 12-4 所示，在"图层"控制面板中生成新的图层并将其命名为"边框"。

（2）在"图层"控制面板上方，将"边框"图层的混合模式选项设为"滤色"，如图 12-5 所示，图像效果如图 12-6 所示。

图 12-4 　　　　　　　　　　　图 12-5 　　　　　　　　　　　图 12-6

（3）按 Ctrl+O 组合键，打开光盘中的"Ch12 > 素材 > 制作婚庆请柬 > 02"文件。选择"移动"工具 ，将 02 图片拖曳到图像窗口中的适当位置并调整其大小，效果如图 12-7 所示，在"图层"控制面板中生成新的图层并将其命名为"心形"。

（4）单击"图层"控制面板下方的"添加图层样式"按钮 ，在弹出的菜单中选择"外发光"命令，弹出对话框，将发光颜色设置为粉色（其 R、G、B 值分别为 249、181、181），其他选项的设置如图 12-8 所示，单击"确定"按钮，效果如图 12-9 所示。

图 12-7　　　　　　　　　　图 12-8　　　　　　　　　　图 12-9

（5）按 Ctrl+O 组合键，打开光盘中的"Ch12 > 素材 > 制作婚庆请柬 > 03、04"文件。选择"移动"工具，将 03、04 图片分别拖曳到图像窗口中的适当位置并调整其大小，效果如图 12-10 所示，在"图层"控制面板中生成新的图层并将其分别命名为"装饰"和"卡通图"。

（6）按 Ctrl+O 组合键，打开光盘中的"Ch12 > 素材 > 制作婚庆请柬 > 05、06"文件。选择"移动"工具，将 05、06 图片分别拖曳到图像窗口中适当的位置并调整其大小，效果如图 12-11 所示，在"图层"控制面板中生成新的图层并将其分别命名为"花"和"街道"。

图 12-10　　　　　　　　　　　　　　图 12-11

（7）在"图层"控制面板的上方，将"街道"图层的混合模式设为"明度"，如图 12-12 所示，图像效果如图 12-13 所示。

图 12-12　　　　　　　　　　　　　　图 12-13

3．添加并编辑文字

（1）将前景色设为浅粉色（其 R、G、B 的值分别为 255、234、234）。选择"横排文字"工具，在适当的位置输入需要的文字，选取文字，在属性栏中选择合适的字体并设置文字大小，效果如图 12-14 所示，在"图层"控制面板中生成新的文字图层。

（2）单击"图层"控制面板下方的"添加图层样式"按钮 **fx.**，在弹出的菜单中选择"投影"命令，在弹出的对话框中进行设置，如图 12-15 所示，单击"确定"按钮，效果如图 12-16 所示。

图 12-14

图 12-15

图 12-16

（3）选择"横排文字"工具 **T.**，在适当的位置输入需要的文字，选取文字，在属性栏中选择合适的字体并设置文字大小，按 Alt+↑组合键，调整文字行距，效果如图 12-17 所示，在"图层"控制面板中生成新的文字图层。选择"移动"工具 **▶+**，取消文字选取状态。至此，婚庆请柬制作完成，效果如图 12-18 所示。

图 12-17

图 12-18

课堂练习 1——制作西餐厅代金券

练习 1.1 【项目背景及要求】

1. 客户名称
六月西兰牛扒西餐厅

2. 客户需求
六月西兰牛扒西餐厅以牛扒为餐厅的招牌菜，要求为本店设计牛扒代金券，作为本店优惠活动及招揽顾客所用，餐厅的定位是时尚、优雅、高端，所以代金券的设计要与餐厅的定位吻合，体现出餐厅的特色与品位。

3．设计要求

（1）代金券设计要将牛扒作为画面主体，体现代金券的价值与内容。

（2）设计风格简洁时尚，画面内容要将代金券的要素全面的体现出来。

（3）要求使用低调奢华的颜色，以体现餐厅品位。

（4）设计规格均为 190mm（宽）× 60mm（高），分辨率为 300 dpi。

练习 1.2 【项目创意及制作】

1．素材资源

图片素材所在位置：光盘中的"Ch12 > 素材 > 制作西餐厅代金券 > 01~06"。

文字素材所在位置：光盘中的"Ch12 > 素材 > 制作西餐厅代金券 > 文字文档"。

2．作品参考

设计作品参考效果所在位置：光盘中的"Ch12 > 效果 > 制作西餐厅代金券.psd"，效果如图 12-19 所示。

图 12-19

3．制作要点

使用渐变工具、选框工具、羽化命令和图层混合模式制作背景；使用投影命令为图片添加投影效果；使用钢笔工具和羽化命令制作高光效果；使用横排文字工具、套索工具和钢笔工具制作标题文字；使用多边形工具和创建剪贴蒙版命令制作图片剪切效果。

课堂练习2——制作美容宣传卡

练习 2.1 【项目背景及要求】

1．客户名称

易杰美容美发机构

2．客户需求

易杰美容美发机构是一家专业的美容美发机构，目前为了提升知名度想要举办优惠活动，并针对此次活动制作一张体验卡，因本店顾客以女性为主，要求卡片制作符合女性的审美，能够得到消费者的喜爱。

3．设计要求

（1）卡片制作要求以美丽的女性模特为主，突出卡片的定位和作用。

（2）设计风格时尚，并且有女性喜爱的装饰图片。

（3）要求使用明快艳丽的色彩搭配，能够吸引顾客的眼球。

（4）图文搭配合理安排，突出主要文字，使人一目了然。

（5）设计规格均为 90mm（宽）× 55mm（高），分辨率为 300 dpi。

练习 2.2 【项目创意及制作】

1．素材资源

图片素材所在位置：光盘中的"Ch12 > 素材 > 制作美容宣传卡 > 01、02"。

文字素材所在位置：光盘中的"Ch12 > 素材 > 制作美容宣传卡 > 文字文档"。

2．作品参考

设计作品参考效果所在位置：光盘中的"Ch12 > 效果 > 制作美容宣传卡.psd"，效果如图 12-20 所示。

图 12-20

3．制作要点

使用渐变工具和纹理化滤镜制作背景效果；使用外发光命令为人物添加外发光效果；使用多边形套索工具和移动工具复制并添加花图形；使用文字工具输入卡片信息；使用矩形工具和自定形状工具制作标志效果。

课后习题 1——制作圣诞贺卡

习题 1.1 【项目背景及要求】

1．客户名称

赛恩德斯科技有限公司

2．客户需求

赛恩德斯科技有限公司是一家中美合资的科技公司，在圣诞节到来之际，因公司有很多外国员工，公司为表达诚意，特别要求制作圣诞贺卡，表达公司的祝福与问候。贺卡要求具有浓厚的节日气息，能够体现公司的用心。

3．设计要求

（1）贺卡的设计要求紧紧围绕圣诞节的主题。

（2）使用具有圣诞节特色的元素装饰画面，体现浓厚的节日氛围。

（3）色彩使用红色为主色调，设计具有创新。

（4）设计规格均为 246mm（宽）× 175mm（高），分辨率为 300 dpi。

习题 1.2 【项目创意及制作】

1. 素材资源

图片素材所在位置：光盘中的"Ch12 > 素材 > 制作圣诞贺卡 > 01、02"。

2. 作品参考

设计作品参考效果所在位置：光盘中的"Ch12 > 效果 > 制作圣诞贺卡.psd"，效果如图 12-21 所示。

3. 制作要点

使用矩形工具、钢笔工具、扩展命令、路径选择工具以及添加图层样式按钮制作圣诞贺卡。

图 12-21

课后习题 2——制作个性请柬

习题 2.1 【项目背景及要求】

1. 客户名称

小刘与小兰

2. 客户需求

小刘和小兰即将要步入婚姻殿堂，需要制作婚礼请柬，因两人都是时尚前卫的年轻人，所以希望自己的婚礼请柬具有个性和特色，并且能够体现婚礼的幸福和欢乐。

3. 设计要求

（1）设计要求使用纯洁的白色做背景，既能体现婚礼的特色，又能够突出画面的主题。

（2）设计风格时尚大方，具有特色。

（3）请柬能够具有一些富有创意的、使人印象深刻的设计。

（4）设计规格均为 100mm（宽）× 70mm（高），分辨率为 300 dpi。

习题 2.2 【项目创意及制作】

1. 素材资源

图片素材所在位置：光盘中的"Ch12 > 素材 > 制作个性请柬 > 01~06"。

文字素材所在位置：光盘中的"Ch12 > 素材 > 制作个性请柬 > 文字文档"。

2. 作品参考

设计作品参考效果所在位置：光盘中的"Ch12 > 效果 > 制作个性请柬.psd"，效果如图 12-22 所示。

图 12-22

3．制作要点

使用渐变工具、添加杂色命令制作背景底图；使用添加图层蒙版命令和渐变工具制作图形的渐隐效果；使用画笔工具、画笔描边路径命令添加描边效果；使用矩形工具、投影命令制作请柬内页；使用钢笔工具、渐变工具和投影命令制作卷页效果。

12.2　照片模板设计——幸福相伴照片模板

12.2.1　【项目背景及要求】

1．客户名称

卡卡西婚纱摄影工作室

2．客户需求

卡卡西婚纱摄影工作室是婚纱摄影行业比较有实力的婚纱摄影工作室，工作室运用艺术家的眼光捕捉独特瞬间，使婚纱照片的艺术性和个性化得到充分的体现。现需要制作一个摄影模板，要求突出表现浪漫的气氛，记录下新婚爱人的幸福时光。

3．设计要求

（1）照片模板要求具有神秘浪漫的氛围。

（2）使用墨绿色作为模板的色彩，并且搭配白色。

（3）设计要求表现情侣间的温馨、甜蜜的感觉。

（4）要求将文字进行具有特色的设计，图文搭配合理个性。

（5）设计规格均为 297mm（宽）×210mm（高），分辨率为 150 dpi。

12.2.2　【项目创意及流程】

1．素材资源

图片素材所在位置：光盘中的"Ch12 > 素材 > 幸福相伴照片模板 > 01~03"。

文字素材所在位置：光盘中的"Ch12 > 素材 > 幸福相伴照片模板 > 文字文档"。

2．设计流程

添加并编辑文字

制作背景效果　　　　　　置入并编辑图片

最终效果

3．制作要点

使用点状化滤镜命令添加图片的点状化效果；使用去色命令、混合模式选项调整图片的色调；使用自定形状工具、定义图案命令和图案填充命令制作装饰底图。

12.2.3 【案例制作及步骤】

1．制作背景效果

（1）按 Ctrl + N 组合键，新建一个文件，宽度为 29.7cm，高度为 21cm，分辨率为 150ppi，颜色模式为 RGB，背景内容为白色，单击"确定"按钮。将前景色设为墨蓝色（其 R、G、B 值分别为 4、98、106），按 Alt+Delete 组合键，用前景色填充"背景"图层，效果如图 12-23 所示。

（2）将"背景"图层拖曳到控制面板下方的"创建新图层"按钮 ▣ 上进行复制，生成新的副本图层并将其命名为"背景点状化"。选择"滤镜 > 像素化 > 点状化"命令，在弹出的对话框中进行设置，如图 12-24 所示，单击"确定"按钮，效果如图 12-25 所示。

图 12-23	图 12-24	图 12-25

（3）在"图层"控制面板上方，将"背景点状化"图层的混合模式选项设为"浅色"，"不透明度"选项设为 50%，如图 12-26 所示，图像效果如图 12-27 所示。

（4）按 Ctrl + O 组合键，打开光盘中的"Ch12 > 素材 > 幸福相伴照片模板 > 01"文件，选择"移动"工具 ，将 01 图片拖曳到图像窗口的适当位置，并调整其大小，效果如图 12-28 所示，在"图层"控制面板中生成新图层并将其命名为"人物"。

图 12-26	图 12-27	图 12-28

（5）在"图层"控制面板上方，将"人物"图层的混合模式选项设为"变暗"，"不透明度"选项设为 80%，如图 12-29 所示，图像效果如图 12-30 所示。

（6）单击"图层"控制面板下方的"添加图层蒙版"按钮 ▣，为人物图层添加蒙版。选择"渐变"工具 ▣，单击属性栏中的"点按可编辑渐变"按钮 ▭，弹出"渐变编辑器"对话框，将渐变色设为从黑色到白色，单击"确定"按钮。在图形上由下至上拖曳渐变色，松开鼠标后的效果如图 12-31 所示。

图 12-29　　　　　　　　　　图 12-30　　　　　　　　　　图 12-31

2．制作装饰图形效果

（1）新建图层并将其命名为"条"。将前景色设为蓝色（其 R、G、B 的值分别为 0、142、144），选择"钢笔"工具 ✎，在属性栏中的"选择工具模式"选项中选择"路径"，在图像窗口绘制路径，如图 12-32 所示。按 Ctrl+Enter 组合键，将路径转换为选区，按 Alt+Delete 组合键，用前景色填充选区，取消选区后的效果如图 12-33 所示。

图 12-32　　　　　　　　　　　　　图 12-33

（2）在"图层"控制面板上方，将"条"图层的"不透明度"选项设为 70%，如图 12-34 所示，图像效果如图 12-35 所示。

图 12-34　　　　　　　　　　　图 12-35

（3）单击"图层"控制面板下方的"添加图层样式"按钮 ✔，在弹出的菜单中选择"投影"命令，在弹出的对话框中进行设置，如图 12-36 所示，单击"确定"按钮，效果如图 12-37 所示。

图 12-36   图 12-37

（4）单击所有图层左侧的眼睛图标 👁，将图层全部隐藏，如图 12-38 所示。新建图层并将其命名为"星形"。将前景色设为白色。选择"自定形状"工具 🙋，单击"形状"选项右侧的按钮 ⁻，弹出"形状"面板，单击右上方的按钮 ⚙，在弹出的菜单中选择"全部"命令，弹出提示对话框，单击"确定"按钮。在形状面板中选择需要的形状，如图 12-39 所示。在属性栏中的"选择工具模式"选项中选择"填充像素"，绘制图形，如图 12-40 所示。

图 12-38   图 12-39   图 12-40

（5）选择"矩形选框"工具 ⬚，在图像窗口中绘制矩形选区，如图 12-41 所示。选择"编辑 > 定义图案"命令，弹出"图案名称"对话框，设置如图 12-42 所示，单击"确定"按钮，定义图案。将"星形"图层拖曳到控制面板下方的"删除图层"按钮 🗑 上，删除"星形"图层。单击图层左侧的空白图标 ▢，显示全部图层，如图 12-43 所示。

图 12-41   图 12-42   图 12-43

（6）单击"图层"控制面板下方的"创建新的填充或调整图层"按钮 ◓，在弹出的菜单中选择"图案"命令，在"图层"控制面板中生成"图案填充 1"图层，同时弹出"图案填充"对话框，设置如图 12-44 所示，单击"确定"按钮，图像效果如图 12-45 所示。

（7）按住 Alt 键的同时，将光标放在"图案填充 1"图层和"条"图层的中间，光标变为↓□时，单击鼠标，创建剪贴蒙版，图像效果如图 12-46 所示。

图 12-44

图 12-45

图 12-46

（8）单击"图层"控制面板下方的"添加图层蒙版"按钮 □，为"图案填充 1"图层添加蒙版。将前景色设为黑色。选择"套索"工具 ⋋，在图像窗口中拖曳鼠标绘制选区，效果如图 12-47 所示。按 Shift+F6 组合键，在弹出的对话框中进行设置，如图 12-48 所示，单击"确定"按钮，羽化选区。

图 12-47

（9）按 Alt+Delete 组合键，用前景色填充"图案填充 2"图层的蒙版，如图 12-49 所示，取消选区后，效果如图 12-50 所示。

图 12-48

图 12-49

图 12-50

（10）新建图层并将其命名为"箭头"。将前景色设为蓝色（其 R、G、B 的值分别为 0、137、133）。选择"自定形状"工具 ✿，单击"形状"选项右侧的按钮 ·，弹出"形状"面板，在形状面板中选择需要的形状，如图 12-51 所示。在图像窗口中绘制图形，如图 12-52 所示。在"图层"控制面板上方，将"箭头"图层的"不透明度"选项设为 70%，如图 12-53 所示，图像效果如图 12-54 所示。

图 12-51

图 12-52

图 12-53

图 12-54

（11）单击"图层"控制面板下方的"添加图层样式"按钮 fx，在弹出的菜单中选择"投影"命令，在弹出的对话框中进行设置，如图 12-55 所示，单击"确定"按钮，效果如图 12-56 所示。

图 12-55　　　　　　　　　　图 12-56

3．添加文字效果

（1）单击"图层"控制面板下方的"创建新组"按钮 ▢，生成新的图层组并将其命名为"文字"。选择"横排文字"工具 T，在适当的位置分别输入需要的文字并选取文字，在属性栏中分别选择合适的字体并设置大小，填充合适的文字颜色，效果如图 12-57 所示，在控制面板中生成新的文字图层。

图 12-57

（2）单击"图层"控制面板下方的"添加图层样式"按钮 fx，在弹出的菜单中选择"投影"命令，在弹出的对话框中进行设置，如图 12-58 所示，单击"确定"按钮，效果如图 12-59 所示。

图 12-58　　　　　　　　　　图 12-59

（3）新建图层并将其命名为"箭头 2"。将前景色设为白色，选择"自定形状"工具 ▨，单击"形状"选项右侧的按钮·，弹出"形状"面板，在形状面板中选择需要的形状，如图 12-60 所示。在图像窗口中绘制图形，如图 12-61 所示。

图 12-60   图 12-61

（4）选择"箭头 2"图层，重复按 Ctrl+J 组合键，分别生成新的副本图层，分别将箭头副本拖曳到图像窗口的适当位置，效果如图 12-62 所示。在"图层"控制面板上方，分别将副本图层的"不透明度"选项设为 80%、50% 和 20%，如图 12-63 所示，图像效果如图 12-64 所示。

图 12-62   图 12-63   图 12-64

（5）按 Ctrl 键，选择"箭头 2"图层及所有"箭头 2 副本"图层，如图 12-65 所示，将其图层拖曳到控制面板下方的"创建新图层"按钮 🔲 上进行复制，生成新图层副本。按 Ctrl+E 组合键，合并图层将其命名为"箭头 3"，并将其拖曳到适当的位置，如图 12-66 所示。按 Ctrl+T 组合键，在图像周围出现变换框时，单击鼠标右键，在弹出的菜单中选择"水平翻转"命令，翻转图像，按 Enter 键确认操作，效果如图 12-67 所示。

图 12-65   图 12-66   图 12-67

（6）新建图层并将其命名为"虚线"。选择"画笔"工具 ✐，在属性栏中单击"画笔"选项右侧的按钮 ，在弹出的画笔面板中选择需要的画笔形状，将"主直径"选项设为 5px，"硬度"选项设为 100%，如图 12-68 所示。按住 Shift 键的同时，在图像窗口中单击鼠标绘制图像，效果如图 12-69 所示。

（7）选择"横排文字"工具 T，在属性栏中选择合适的字体并设置大小，分别输入需要的文字，选取文字并调整其字体及大小，文字效果如图 12-70 所示。在控制面板中分别生成新的文字图层。单击"文字"图层组左侧的三角形图标 ▼，将"文字"图层组中的图层隐藏。

图 12-68

图 12-69

图 12-70

（8）按 Ctrl + O 组合键，打开光盘中的"Ch12 > 素材 > 幸福相伴照片模板 > 02"文件，选择"移动"工具 ，将 02 图片拖曳到图像窗口的适当位置，并调整其大小，效果如图 12-71 所示，在"图层"控制面板中生成新图层并将其命名为"人物 2"。

（9）单击"图层"控制面板下方的"添加图层样式"按钮 ，在弹出的菜单中选择"外发光"命令，弹出对话框，将发光颜色设为墨绿色（其 R、G、B 的值分别为 1、78、70），其他选项的设置如图 12-72 所示，单击"确定"按钮，效果如图 12-73 所示。

图 12-71

图 12-72

图 12-73

（10）将"人物 2"图层拖曳到控制面板下方的"创建新图层"按钮 上进行复制，生成新的副本图层，并将其拖曳到"人物 2"图层下方，命名为"人物 2 投影"。在"人物 2 投影"图层上单击鼠标右键，在弹出的菜单中选择"清除图层样式"。在"图层"控制面板上方，将"人物 2 投影"图层的"不透明度"选项设为 80%，如图 12-74 所示。

（11）按 Ctrl+T 组合键，在图像周围出现变换框时，单击鼠标右键，在弹出的菜单中选择"垂直翻转"命令，翻转图像，按 Enter 键确认操作，将其拖曳到适当位置，如图 12-75 所示。

图 12-74

图 12-75

（12）单击"图层"控制面板下方的"添加图层蒙版"按钮 ▣ ，为"人物 2 投影"图层添加图层
蒙版，如图 12-76 所示。选择"渐变"工具 ▣ ，单击属性栏中的"点按可编辑渐变"按钮 ▭▾ ，
弹出"渐变编辑器"对话框，将渐变色设为从黑色到白色，单击"确定"按钮。选中图层蒙板缩览图，
在图形上由下至上拖曳渐变色，松开鼠标后图层蒙板缩览图效果如图 12-77 所示，图像效果如图 12-78
所示。

图 12-76   图 12-77   图 12-78

（13）选择"人物 2"图层，新建图层并将其命名为"心形"。选择"自定形状"工具 ▨ ，单击"形
状"选项右侧的按钮 ▾ ，弹出"形状"面板，在形状面板中选择需要的形状，如图 12-79 所示。在属性
栏中的"选择工具模式"选项中选择"填充像素"，绘制图形，并调整其角度，效果如图 12-80 所示。

图 12-79   图 12-80

（14）在"图层"控制面板上方，将"心形"图层的"填充"选项设为 0%，如图 12-81 所示。单
击"图层"控制面板下方的"添加图层样式"按钮 fx. ，在弹出的菜单中选择"外发光"命令，弹出
对话框，将发光颜色设为白色，其他选项的设置如图 12-82 所示。

图 12-81   图 12-82

（15）选择"内发光"选项，切换到相应的对话框，将发光颜色设为白色，选项的设置如图 12-83

所示，单击"确定"按钮，效果如图 12-84 所示。

图 12-83　　　　　　　　　　　　图 12-84

（16）新建图层并将其命名为"高光"。选择"自定形状"工具，单击"形状"选项右侧的按钮，弹出"形状"面板，在形状面板中选择需要的形状，如图 12-85 所示，在属性栏中的"选择工具模式"选项中选择"路径"，绘制图形，并调整其角度，如图 12-86 所示。

图 12-85　　　　　　　　　　　　图 12-86

（17）按 Ctrl+Enter 组合键，将路径转换为选区。按 Shift+F6 组合键，弹出"羽化选区"对话框，选项的设置如图 12-87 所示，单击"确定"按钮，填充为白色，取消选区后，效果如图 12-88 所示。

图 12-87　　　　　　　　　　　　图 12-88

（18）单击"图层"控制面板下方的"添加图层蒙版"按钮，为"高光"图层添加蒙版。将前景色设为黑色。选择"画笔"工具，在属性栏中单击"画笔"选项右侧的按钮，在弹出的面板中选择需要的画笔形状，将"大小"选项设为 200px，如图 12-89 所示，在图像窗口中拖曳鼠标擦除不需要的图像，效果如图 12-90 所示。

（19）按 Ctrl＋O 组合键，打开光盘中的"Ch12 ＞ 素材 ＞ 幸福相伴照片模板 ＞ 03"文件，选择"移动"工具，将 03 图片拖曳到图像窗口的适当位置，并调整其大小，效果如图 12-91 所示。在"图层"控制面板中生成新图层并将其命名为"花边"。至此，幸福相伴照片模板制作完成。

图 12-89

图 12-90

图 12-91

课堂练习1——幸福童年照片模板

练习1.1 【项目背景及要求】

1．客户名称
伊顿莫儿童摄影

2．客户需求
伊顿莫儿童摄影是一家专为儿童定做写真的摄影工作室，要求制作一个儿童写真的最新模板，模板设计具有童真乐趣，使人感受到儿童的天真与快乐。

3．设计要求
（1）模板使用条纹做背景图案，并添加边框花纹。

（2）使用绿色作为模板的主色调，能够使人感受到希望与健康。

（3）模板中添加可爱的儿童照片，突出模板的主题。

（4）文字设计也要符合儿童的风格特色。

（5）设计规格均为 297mm（宽）× 210mm（高），分辨率为 150 dpi。

练习1.2 【项目创意及制作】

1．素材资源
图片素材所在位置：光盘中的"Ch12 > 素材 > 幸福童年照片模板 > 01~06"。

文字素材所在位置：光盘中的"Ch12 > 素材 > 幸福童年照片模板 > 文字文档"。

2．作品参考
设计作品参考效果所在位置：光盘中的"Ch12 > 效果 > 制作幸福童年照片模板.psd"，效果如图 12-92 所示。

图 12-92

3．制作要点
使用矩形选框工具、渐变工具和动作面板制作背景；使用添加图层蒙版命令编辑照片和边框；使用横排文字工具添加文字；使用移动工具添加素材图片。

课堂练习 2——阳光女孩照片模板

练习 2.1 【项目背景及要求】

1. 客户名称
框架时尚摄影工作室

2. 客户需求
框架时尚摄影工作室是一家经营婚纱摄影、个性写真等项目的专业摄影工作室，现在摄影工作室要求制作一个以阳光女孩为主题的摄影模板。

3. 设计要求
（1）模板设计要求体现少女的阳光、青春和活力。
（2）使用渐变的背景，使画面看起来层次丰富。
（3）在模板中多添加一些装饰图案，迎合女生的喜好。
（4）色彩明亮，使用黄色和绿色搭配，象征着青春朝气，并有积极向上的寓意。
（5）设计规格均为 400mm（宽）× 200mm（高），分辨率为 300 dpi。

练习 2.2 【项目创意及制作】

1. 素材资源
图片素材所在位置：光盘中的"Ch12 > 素材 > 阳光女孩照片模板 > 01~11"。
文字素材所在位置：光盘中的"Ch12 > 素材 > 阳光女孩照片模板 > 文字文档"。

2. 作品参考
设计作品参考效果所在位置：光盘中的"Ch12 > 效果 > 阳光女孩照片模板.psd"，效果如图 12-93 所示。

图 12-93

3. 制作要点
使用图层蒙版和画笔工具制作合成效果；使用画笔工具绘制装饰星形；使用图层样式命令制作照片的立体效果；使用变换命令、图层蒙版和渐变工具制作照片投影；使用文字工具添加文字；使用渐变工具制作白色边框。

课后习题 1——写意人生照片模板

习题 1.1 【项目背景及要求】

1. 客户名称
时光影像摄影

2. 客户需求
时光影像摄影是一家专业的摄影领导品牌，其经营范围广泛，服务优质。目前影楼需要制作一个照片模板，模板的主题名为"写意人生"，要求围绕该主题进行创作，以轻松活泼为主，并且具有时尚品味。

3. 设计要求
（1）模板设计为了能够突出画面主要内容，要求以棕色为背景。

（2）模板的边框能够贴合自然，使人感到轻松舒适。

（3）使用胶卷的形式作为模板的特色，具有创新。

（4）整体风格舒适随意，能够真正表达出"写意人生"的主题。

（5）设计规格均为 297mm（宽）× 210mm（高），分辨率为 150 dpi。

习题 1.2 【项目创意及制作】

1. 素材资源
图片素材所在位置：光盘中的"Ch12 > 素材 > 写意人生照片模板 > 01~10"。

文字素材所在位置：光盘中的"Ch12 > 素材 > 写意人生照片模板 > 文字文档"。

图 12-94

2. 作品参考
设计作品参考效果所在位置：光盘中的"Ch12 > 效果 > 写意人生照片模板.psd"，效果如图 12-94 所示。

3. 制作要点
使用添加杂色滤镜命令制作背景图；使用添加图层蒙版按钮和渐变工具制作图片的渐隐效果；使用矩形工具创建剪切蒙版命令为图片添加剪切蒙版效果；使用直排文字工具添加需要的文字。

课后习题 2——个人写真照片模板

习题 2.1 【项目背景及要求】

1. 客户名称
缪莎摄影工作室。

2．客户需求

缪莎摄影工作室是一家专业制作个人写真的工作室，公司目前需要制作一个写真模板，模板的主题是个性写真，设计要求以新颖美观的形式进行创意，表现出时尚与个性，让人耳目一新。

3．设计要求

（1）模板背景要求具有质感，能够烘托主题。

（2）画面以人物照片为主，主次明确，设计独特。

（3）整体风格新潮时尚，表现出年轻人的个性和创意。

（4）设计规格均为 400mm（宽）×250mm（高），分辨率为 300 dpi。

习题 2.2 　【项目创意及制作】

1．素材资源

图片素材所在位置：光盘中的"Ch12 > 素材 > 个人写真照片模板 > 01~06"。

文字素材所在位置：光盘中的"Ch12 > 素材 > 个人写真照片模板 > 文字文档"。

2．作品参考

设计作品参考效果所在位置：光盘中的"Ch12 > 效果 > 个人写真照片模板.psd"，效果如图 12-95 所示。

3．制作要点

使用图层蒙版和画笔工具制作照片的合成效果；使用矩形工具和钢笔工具制作立体效果；使用多边形套索工具和羽化命

图 12-95

令制作图形阴影；使用矩形工具和创建剪切蒙版命令制作照片蒙版效果；使用文字工具添加模板文字。

12.3 宣传单设计——制作餐饮宣传单

12.3.1 　【项目背景及要求】

1．客户名称

好友客

2．客户需求

好友客是一家知名快餐品牌，得到众多消费者的一致好评，好友客最新推出一款超值套餐，需要制作宣传单，能够适用于街头派发、橱窗及公告栏展示，宣传单要求内容丰富，重点宣传此次优惠活动。

3．设计要求

（1）宣传单要求以套餐品种的实图为宣传单的主要图片内容。

（2）使用鲜艳的背景用以烘托画面，使画面看起来热闹丰富。

（3）设计要求表现本店时尚、快捷的风格，色彩明快艳丽，给人欢快的视觉信息。

（4）要求将文字进行具有特色的设计，使消费者快速了解本店优惠信息。

（5）设计规格均为 210mm（宽）× 285mm（高），分辨率为 300 dpi。

12.3.2 【项目创意及流程】

1. 素材资源

图片素材所在位置：光盘中的"Ch12 > 素材 > 制作餐饮宣传单 > 01~06"。

文字素材所在位置：光盘中的"Ch12 > 素材 > 制作餐饮宣传单 > 文字文档"。

2. 设计流程

| 制作背景效果 | 编辑素材图片 | 添加文字 | 最终效果 |

3. 制作要点

使用椭圆工具和画笔工具制作白色装饰图形；使用移动工具添加菜肴图片；使用描边命令为标题文字添加描边；使用自定义形状工具绘制皇冠图形。

12.3.3 【案例制作及步骤】

1. 绘制图形并添加图片

（1）按 Ctrl+O 组合键，打开光盘中的"Ch12 > 素材 > 制作餐饮宣传单 > 01、02"文件，如图 12-96 所示，选择"移动"工具，将 02 图片拖曳到图像窗口中适当的位置并调整其大小，效果如图 12-97 所示，在"图层"控制面板中生成新的图层并将其命名为"图片"。

图 12-96　　　　　　　　图 12-97

（2）新建图层组生成"组一"。新建图层并将其命名为"圆环"。将前景色设为白色。选择"椭圆"工具，在属性栏中的"选择工具模式"选项中选择"路径"，按住 Shift 键的同时，在图像窗口中绘制一个圆形路径，效果如图 12-98 所示。

（3）选择"画笔"工具，在属性栏中将"不透明度"选项设为 80%。单击属性栏中的"切换画笔面板"按钮，弹出"画笔"控制面板，选择"画笔笔尖形状"选项，弹出相应的面板，选择需要的画笔形状，其他选项的设置如图 12-99 所示。选择"形状动态"选项，在弹出的面板中进行设置，如图 12-100 所示。

图 12-98　　　　　　　图 12-99　　　　　　　图 12-100

（4）选择"双重画笔"选项，弹出相应的面板，单击"画笔预设"按钮，弹出"画笔预设"控制面板，单击面板右上方的图标，在弹出的菜单中选择"人造材质画笔"选项，弹出提示对话框，单击"追加"按钮。返回到"画笔"控制面板，在"画笔"面板中选择需要的画笔形状，其他选项的设置如图 12-101 所示。单击"路径"控制面板下方的"用画笔描边路径"按钮，描边路径并将路径隐藏，图像效果如图 12-102 所示。

（5）按 Ctrl+T 组合键，在图形周围出现变换框，在变换框中单击鼠标右键，在弹出的菜单中选择"水平翻转"命令，水平翻转图形，按 Enter 键确认操作，效果如图 12-103 所示。

（6）新建图层并将其命名为"白色圆形"。选择"椭圆"工具，在属性栏中的"选择工具模式"选项中选择"填充像素"，按住 Shift 键的同时，在适当的位置绘制一个圆形，效果如图 12-104 所示。

图 12-101　　　　　　图 12-102　　　　　　图 12-103　　　　　　图 12-104

（7）按 Ctrl+O 组合键，打开光盘中的"Ch12 > 素材 > 制作餐饮宣传单 > 03"文件，选择"移动"工具，将图片拖曳到图像窗口中适当的位置并调整其大小，如图 12-105 所示，在"图层"控制面板中生成新的图层并将其命名为"意大利面"。按 Ctrl+Alt+G 组合键，为该图层创建剪贴蒙版，效果如图 12-106 所示。

（8）单击"组一"图层组左侧的三角形图标，将"组一"图层组中的图层隐藏。打开 04、05 文件，分别将其拖曳到图像窗口中适当的位置并调整其大小，用上述方法制作出如图 12-107 所示的效果。

图 12-105 　　　　　　　　图 12-106 　　　　　　　　图 12-107

2．添加标题文字及其他相关信息

（1）新建图层组并将其命名为"文字"。将前景色设为黄色（其 R、G、B 的值分别为 253、214、0）。选择"横排文字"工具 T ，在图像窗口中输入需要的文字，选取文字，在属性栏中选择合适的字体并设置文字大小，效果如图 12-108 所示，在"图层"控制面板中生成新的文字图层。

（2）保持文字选取状态。按 Ctrl+T 组合键，弹出"字符"面板，单击面板中的"仿斜体"按钮 T ，将文字倾斜，其他选项的设置如图 12-109 所示，按 Enter 键确认操作，取消文字选取状态，效果如图 12-110 所示。

图 12-108 　　　　　　　　图 12-109 　　　　　　　　图 12-110

（3）单击"图层"控制面板下方的"添加图层样式"按钮 fx. ，在弹出的菜单中选择"描边"命令，弹出对话框，将描边颜色设为深红色（其 R、G、B 的值分别为 118、6、3），其他选项的设置如图 12-111 所示，单击"确定"按钮，效果如图 12-112 所示。

图 12-111 　　　　　　　　　　　　图 12-112

（4）将前景色设为白色。选择"横排文字"工具 T，在适当的位置分别输入需要的文字并选取文字，在属性栏中选择合适的字体并设置文字大小，效果如图 12-113 所示，在"图层"控制面板中分别生成新的文字图层。

（5）分别选取文字，在"字符"面板中，单击面板中的"仿斜体"按钮 T，将文字倾斜，并将"设置所选字符的字距调整" VA 0 选项设置为-50，按 Enter 键确认操作，取消文字选取状态，效果如图 12-114 所示。

图 12-113 　　　　　　　　　　　　　图 12-114

（6）在"超值"文字图层上单击鼠标右键，在弹出的菜单中选择"拷贝图层样式"命令。选中"套餐"文字图层，按住 Shift 键的同时，单击"大聚'惠'"文字图层，将其同时选取，如图 12-115 所示，单击鼠标右键，在弹出的菜单中选择"粘贴图层样式"命令，效果如图 12-116 所示。

图 12-115 　　　　　　　　　　　　　图 12-116

（7）将前景色设为褐色（其 R、G、B 的值分别为 120、16、15）。选择"横排文字"工具 T，在适当的位置输入需要的文字并选取文字，在属性栏中选择合适的字体并设置文字大小，按 Alt+↓组合键，调整文字行距，效果如图 12-117 所示，在"图层"控制面板中分别生成新的文字图层。选择"横排文字"工具 T，选中数字"29"，在属性栏中设置合适的文字大小，效果如图 12-118 所示。

图 12-117 　　　　　　　　　　　　　图 12-118

（8）按 Ctrl+O 组合键，打开光盘中的"Ch12 > 素材 > 制作餐饮宣传单 > 06"文件，选择"移动"工具 ，将图片拖曳到图像窗口中适当的位置，如图 12-119 所示，在"图层"控制面板中生成新的图层并将其命名为"价格"。

（9）新建图层并将其命名为"圆角矩形"。将前景色设为红色（其 R、G、B 的值分别为 221、12、19）。选择"圆角矩形"工具 ，在属性栏中的"选择工具模式"选项中选择"填充像素"，将"半径"选项设置为 20 px，在适当的位置绘制一个圆角矩形，效果如图 12-120 所示。

图 12-119 图 12-120

（10）单击"图层"控制面板下方的"添加图层样式"按钮 *fx*，在弹出的菜单中选择"描边"命令，弹出对话框，将描边颜色设为黄色（其 R、G、B 的值分别为 253、248、0），其他选项的设置如图 12-121 所示，单击"确定"按钮，效果如图 12-122 所示。

图 12-121 图 12-122

（11）将前景色设为淡黄色（其 R、G、B 的值分别为 254、243、151）。选择"横排文字"工具 T，在圆角矩形上输入需要的文字并选取文字，在属性栏中选择合适的字体并设置文字大小，效果如图 12-123 所示，在"图层"控制面板中生成新的文字图层。

（12）将前景色设为白色。选择"横排文字"工具 T，在适当的位置输入需要的文字，选取文字，在属性栏中选择合适的字体并设置文字大小，按 Alt+↑组合键，调整文字行距，效果如图 12-124 所示，在"图层"控制面板中生成新的文字图层。

图 12-123 图 12-124

（13）单击"图层"控制面板下方的"添加图层样式"按钮 *fx*，在弹出的菜单中选择"描边"命令，弹出对话框，将描边颜色设为褐色（其 R、G、B 的值分别为 114、5、4），其他选项的设置如图 12-125 所示，单击"确定"按钮，效果如图 12-126 所示。

图 12-125   图 12-126

（14）新建图层并将其命名为"皇冠"。选择"自定形状"工具，单击属性栏中的"形状"选项，弹出"形状"面板，单击面板右上方的按钮，在弹出的菜单中选择"物体"选项，弹出提示对话框，如图 12-127 所示，单击"追加"按钮。在"形状"面板中选中图形"皇冠 4"，如图 12-128 所示。在属性栏中的"选择工具模式"选项中选择"路径"，在适当的位置绘制一个路径图形，效果如图 12-129所示。

图 12-127   图 12-128   图 12-129

（15）选择"直接选择"工具，用圈选的方法将下方不需要的节点同时选取，如图 12-130 所示，按 Delete 键将其删除，效果如图 12-131 所示。

图 12-130   图 12-131

（16）将前景色设为黄色（其 R、G、B 的值分别为 253、248、0）。按 Ctrl+Enter 组合键，将路径转化为选区，按 Alt+Delete 组合键，用前景色填充选区，按 Ctrl+D 组合键，取消选区，效果如图 12-132所示。

（17）在"精品推荐"文字图层上单击鼠标右键，在弹出的菜单中选择"拷贝图层样式"命令。在"皇冠"图层上单击鼠标右键，在弹出的菜单中选择"粘贴图层样式"命令，效果如图 12-133 所示。

图 12-132   图 12-133

（18）将前景色设为淡黄色（其 R、G、B 的值分别为 255、244、152）。选择"横排文字"工具 T，在适当的位置输入需要的文字并选取文字，在属性栏中选择合适的字体并设置文字大小，效果如图 12-134 所示，在"图层"控制面板中生成新的文字图层。选择"横排文字"工具 T，选中数字"59"，在属性栏中设置合适的文字大小，效果如图 12-135 所示。

图 12-134   图 12-135

（19）在"皇冠"文字图层上单击鼠标右键，在弹出的菜单中选择"拷贝图层样式"命令。在"原价 59 元"文字图层上单击鼠标右键，在弹出的菜单中选择"粘贴图层样式"命令，效果如图 12-136 所示。

（20）新建图层并将其命名为"线"。将前景色设为红色（其 R、G、B 的值分别为 221、12、19）。选择"直线"工具，在属性栏中的"选择工具模式"选项中选择"填充像素"，将"粗细"选项设置数值为 7 px，在适当的位置绘制一条斜线，效果如图 12-137 所示。

图 12-136   图 12-137

（21）将前景色设为褐色（其 R、G、B 的值分别为 120、16、15）。选择"横排文字"工具 T，在适当的位置输入需要的文字并选取文字，在属性栏中选择合适的字体并设置文字大小，如图 12-138 所示。按 Alt+↓组合键，适当调整文字行距，取消文字选取状态，效果如图 12-139 所示，在"图层"控制面板中生成新的文字图层。

图 12-138   图 12-139

（22）将前景色设为深红色（其 R、G、B 的值分别为 118、6、3）。选择"横排文字"工具 T，在图像窗口下方适当的位置输入需要的文字并选取文字，在属性栏中选择合适的字体并设置文字大小，效果如图 12-140 所示，在"图层"控制面板中生成新的文字图层。选择"横排文字"工具 T，选中电话数字，在属性栏中设置合适的文字大小，取消文字选取状态，效果如图 12-141 所示。

图 12-140

图 12-141

（23）单击"图层"控制面板下方的"添加图层样式"按钮 fx，在弹出的菜单中选择"描边"命令，弹出对话框，将描边颜色设为白色，其他选项的设置如图 12-142 所示，单击"确定"按钮，效果如图 12-143 所示。至此，餐饮宣传单制作完成。

图 12-142

图 12-143

课堂练习 1——制作水果店宣传单

练习 1.1 　【项目背景及要求】

1. 客户名称
福瑞士水果超市

2. 客户需求
福瑞士水果超市是一家专门销售新鲜水果、进口水果、干果以及礼品包装的水果超市，超市在即将开业之际，为了达到宣传效果，要求制作一个宣传单，用于街头派发、橱窗展示等，要求设计突出主题，达到宣传效果。

3. 设计要求
（1）宣传单要求紧紧围绕开业庆典这一主题，内容丰富。

（2）使用新鲜舒适的色彩搭配，使画面看起来干净清爽。

（3）画面中要使用水果的图片做搭配，主题明确。

（4）注重细节的处理，以及装饰图案的搭配。

（5）设计规格均为 297 mm（宽）×210 mm（高），分辨率为 300 dpi。

练习 1.2 【项目创意及制作】

1．素材资源

图片素材所在位置：光盘中的"Ch12 > 素材 > 制作水果店宣传单 > 01~07"。

文字素材所在位置：光盘中的"Ch12 > 素材 > 制作水果店宣传单 > 文字文档"。

2．作品参考

设计作品参考效果所在位置：光盘中的"Ch12 > 效果 > 制作水果店宣传单.psd"，效果如图 12-144 所示。

图 12-144

3．制作要点

使用钢笔工具、渐变工具制作背景底图；使用动感模糊滤镜命令为图片添加模糊效果；使用添加图层样式按钮为文字添加特殊效果；使用彩色半调滤镜命令制作装饰图形；使用钢笔工具、横排文字工具制作路径文字效果。

课堂练习 2——制作寿司宣传单

练习 2.1 【项目背景及要求】

1．客户名称

经典料理餐馆

2．客户需求

经典料理是一家正宗的料理餐馆，寿司是本店的招牌特色，本店在即将开业之际，要求制作宣传单，能够适用于街头派发、橱窗及公告栏展示，宣传单要求内容丰富，重点宣传本店特色以及优惠活动。

3．设计要求

（1）宣传单要求以经典料理的寿司实图为宣传单的主要图片内容。

（2）使用浅色的背景用以衬托画面，让画面看起来干净清爽。

（3）设计要求表现本店时尚、简约的独特风格，色彩搭配明快艳丽，给人新鲜的视觉信息。

（4）要求将文字进行具有特色的设计，具有吸引力，使消费者快速了解本店信息。

（5）设计规格均为 210mm（宽）× 297mm（高），分辨率为 300 dpi。

练习 2.2 【项目创意及制作】

1．素材资源

图片素材所在位置：光盘中的"Ch12 > 素材 > 制作寿司宣传单 > 01~03"。

文字素材所在位置：光盘中的"Ch12 > 素材 > 制作寿司宣传单 > 文字文档"。

2．作品参考

设计作品参考效果所在位置：光盘中的"Ch12 > 效果 > 制作寿司宣传单.psd"，效果如图 12-145 所示。

3．制作要点

使用添加图层样式按钮为图片添加特殊效果；使用椭圆工具、横排文字工具制作路径文字效果；使用绘图工具绘制图形；使用横排文字工具添加标题文字。

课后习题 1——制作平板电脑宣传单

图 12-145

习题 1.1 【项目背景及要求】

1．客户名称
新创唯思电脑专卖店

2．客户需求
新创唯思电脑专卖店是一家专门经营品牌电脑销售的电脑专卖店，目前一款最新的平板电脑即将面世，需要制作一款宣传单进行宣传，设计要求时尚大方、具有科技感，并且能够吸引消费者的注意，将电脑的功能特色介绍全面。

3．设计要求
（1）宣传单的风格要求体现科技与时尚感。

（2）以宣传平板电脑的功能与特色为主，版式安排合理适当。

（3）色彩运用具有质感的灰色，能够衬托平板电脑。

（4）文字设计要直观简洁，突出设计重点文字信息。

（5）设计规格均为 210 mm（宽）×285 mm（高），分辨率为 300 dpi。

习题 1.2 【项目创意及制作】

1．素材资源
图片素材所在位置：光盘中的"Ch12 > 素材 > 制作平板电脑宣传单 > 01~08"。

文字素材所在位置：光盘中的"Ch12 > 素材 > 制作平板电脑宣传单 > 文字文档"。

2．作品参考
设计作品参考效果所在位置：光盘中的"Ch12 > 效果 > 制作平板电脑宣传单.psd"，效果如图 12-146 所示。

3．制作要点
使用投影命令为图片添加投影效果；使用矩形工具、创建剪贴蒙版命令制作图片的剪切效果；使用横排文字工具添加宣传性文字。

图 12-146

课后习题 2——制作空调宣传单

习题 2.1 【项目背景及要求】

1. 客户名称
海布尔空调

2. 客户需求
海布尔空调企业是集研发、生产、销售和服务于一体的专业化空调企业，目前公司最新研发了一款空调，需要制作一个宣传单，用于街头派发的宣传所用，要求以空调的功能和特色作为宣传单的宣传重点。

3. 设计要求
（1）宣传单的设计以宣传空调特色为主，将空调的照片放在画面的中间位置。
（2）使用蓝色等能够代表新鲜、自然的色彩作为宣传单的主要色彩。
（3）画面形式丰富多样，具有特色。
（4）文字设计也要富有变化，可采用倾斜的形式使版式更活跃。
（5）设计规格均为 210 mm（宽）×297 mm（高），分辨率为 300 dpi。

习题 2.2 【项目创意及制作】

1. 素材资源
图片素材所在位置：光盘中的"Ch12 > 素材 > 制作空调宣传单 > 01~07"。
文字素材所在位置：光盘中的"Ch12 > 素材 > 制作空调宣传单 > 文字文档"。

2. 作品参考
设计作品参考效果所在位置：光盘中的"Ch12 > 效果 > 制作空调宣传单.psd"，效果如图 12-147 所示。

图 12-147

3. 制作要点
使用渐变工具、图层混合模式选项制作背景底图；使用椭圆工具和添加图层样式按钮制作装饰圆形；使用钢笔工具、添加图层蒙版按钮、渐变工具制作图形渐隐效果；使用自定形状工具绘制装饰星形；使用文字工具添加宣传性文字。

12.4 广告设计——制作牙膏广告

12.4.1 【项目背景及要求】

1. 客户名称
中天牙膏

2．客户需求

中天牙膏是一家专业开发及生产优质口腔护理产品的国际性企业，企业具有领先技术，承诺优秀品质，覆盖了较全面的牙膏功效需求，形成了较为完善的产品线，目前公司最新研制的"皓清"牙膏即将面世，需要制作一款针对该款牙膏的宣传广告，能够达到宣传效果。

3．设计要求

（1）广告要求以牙膏以及牙膏的功效为主要内容。

（2）使用蓝色的背景用以烘托画面，使画面看起来清爽舒适。

（3）将文字进行个性化设计，画面协调统一。

（4）广告整体风格以清新爽快为主，能够使人感受到牙膏的特色。

（5）设计规格均为 210mm（宽）×291mm（高），分辨率为 150 dpi。

12.4.2 【项目创意及流程】

1．素材资源

图片素材所在位置：光盘中的"Ch12 > 素材 > 制作牙膏广告 > 01~05"。

文字素材所在位置：光盘中的"Ch12 > 素材 > 制作牙膏广告 > 文字文档"。

2．设计流程

| 制作背景效果 | 添加产品图片 | 添加并编辑文字 | 最终效果 |

3．制作要点

使用渐变工具和添加蒙版工具合成背景图像；使用横排文字工具、钢笔工具和添加图层样式命令制作广告语；使用横排文字工具和描边命令添加小标题。

12.4.3 【案例制作及步骤】

1．添加并编辑产品图片

（1）按 Ctrl+O 组合键，打开光盘中的"Ch012 > 素材 > 制作牙膏广告 > 01"文件，如图 12-148所示。

（2）新建图层并将其命名为"形状"。将前景色设为浅蓝色（其 R、G、B 值分别为 229、244、253）。选择"钢笔"工具，在属性栏中的"选择工具模式"选项中选择"路径"，在图像窗口中绘制一个封闭的路径，如图 12-149 所示，按 Ctrl+Enter 组合键，将路径转换为选区，用前景色填充选区，按 Ctrl+D 组合键，取消选区，效果如图 12-150 所示。

图 12-148   图 12-149   图 12-150

（3）按 Ctrl+O 组合键，打开光盘中的"Ch12＞素材＞制作牙膏广告＞02"文件。选择"移动"工具，将 02 图片拖曳到图像窗口中的适当位置并调整其大小，效果如图 12-151 所示，在"图层"控制面板中生成新的图层并将其命名为"牙膏"。

（4）新建图层并将其命名为"阴影"。按住 Ctrl 键的同时，单击"牙膏"图层的图层缩览图，图形周围生成选区。按 Shift+F6 组合键，在弹出的"羽化选区"对话框中进行设置，如图 12-152 所示，单击"确定"按钮，将选区羽化。

图 12-151   图 12-152

（5）选择"渐变"工具，单击属性栏中的"点按可编辑渐变"按钮，弹出"渐变编辑器"对话框，在"位置"选项中分别输入 0、50、100 3 个位置点，并分别设置 3 个位置点颜色的 RGB 值为：0（0、78、149）、50（0、156、207）、100（0、78、149），如图 12-153 所示，单击"确定"按钮，在选区中从左上方向右下方拖曳渐变色，按 Ctrl+D 组合键，取消选区，效果如图 12-154 所示。

图 12-153   图 12-154

（6）选择"移动"工具 ，调整阴影图形到适当的位置，如图 12-155 所示。在"图层"控制面板中，将"阴影"图层拖曳到"牙膏"图层的下方，效果如图 12-156 所示。按住 Shift 键的同时，单击"牙膏"图层，将两个图层同时选取，拖曳到控制面板下方的"创建新图层"按钮 上进行复制，生成新的副本图层。在图像窗口中调整其位置、大小和角度，效果如图 12-157 所示。

图 12-155　　　　　　　　　图 12-156　　　　　　　　　图 12-157

2．添加宣传文字

（1）选择"横排文字"工具 ，分别在适当的位置输入需要的文字，选取文字，在属性栏中选择合适的字体并设置文字大小，效果如图 12-158 所示，在"图层"控制面板中生成新的文字图层。

（2）选择"清新"文字图层。单击鼠标右键，在弹出的菜单中选择"栅格化文字"命令，将文字层转换为图像图层。按住 Ctrl 键的同时，单击该图层的图层缩览图，图形周围生成选区。选择"渐变"工具 ，单击属性栏中的"点按可编辑渐变"按钮 ，弹出"渐变编辑器"对话框，将渐变色设为从深蓝色（其 R、G、B 值分别为 0、780、149）到蓝色（其 R、G、B 值分别为 0、156、207），如图 12-159 所示，单击"确定"按钮。按住 Shift 键的同时，在选区中从上向下拖曳渐变色，按 Ctrl+D 组合键，取消选区，效果如图 12-160 所示。

图 12-158　　　　　　　　　图 12-159　　　　　　　　　图 12-160

（3）用相同的方法为其他文字填充渐变色，效果如图 12-161 所示。选择"清新"图层。按 Ctrl+T 组合键，图像周围出现变换框，按住 Ctrl+Shift 组合键的同时，向上拖曳变换框右上角的控制手柄，使文字斜切变形，效果如图 12-162 所示。用相同的方法变形其他文字，效果如图 12-163 所示。

图 12-161　　　　　　　　　图 12-162　　　　　　　　　图 12-163

（4）单击"图层"控制面板下方的"添加图层样式"按钮 _fx._，在弹出的菜单中选择"描边"命令，弹出相应的对话框，将描边颜色设为白色，其他选项的设置如图 12-164 所示，单击"确定"按钮，效果如图 12-165 所示。

图 12-164   图 12-165

（5）用相同的方法为其他文字添加描边效果，如图 12-166 所示。按 Ctrl+O 组合键，打开光盘中的"Ch12 > 素材 > 制作牙膏广告 > 03"文件。选择"移动"工具 _►+_，将 03 图片拖曳到图像窗口中的适当位置并调整其大小，效果如图 12-167 所示，在"图层"控制面板中生成新的图层并将其命名为"绿叶"。

图 12-166   图 12-167

（6）新建图层并将其命名为"星光"。将前景色设为白色。选择"画笔"工具 _✐_，在属性栏中单击"画笔"选项右侧的按钮 _·_，弹出"画笔"选择面板，单击面板右上方的按钮 _✿·_，在弹出的菜单中选择"混合画笔"选项，弹出提示对话框，单击"追加"按钮，在画笔面板中选择所需图形，如图 12-168 所示，将"大小"选项设置为 130px，在图像窗口中适当的位置单击鼠标绘制图形，效果如图 12-169 所示。

图 12-168   图 12-169

（7）单击属性栏中的"切换画笔面板"按钮，弹出"画笔"选择面板，选择"画笔笔尖形状"选项，弹出相应的面板，选项的设置如图 12-170 所示，在图像窗口中适当的位置单击鼠标绘制图形，效果如图 12-171 所示。

图 12-170　　　　　　　　　　图 12-171

（8）新建图层并将其命名为"白色方块"。选择"钢笔"工具，在属性栏中的"选择工具模式"选项中选择"路径"，在图像窗口中绘制多个大小不同的三角形，效果如图 12-172 所示。按 Ctrl+Enter 组合键，将路径转化为选区。按 Alt+Delete 组合键，用前景色填充选区，按 Ctrl+D 组合键，取消选区，效果如图 12-173 所示。

图 12-172　　　　　　　　　　图 12-173

（9）选择"横排文字"工具，分别在适当的位置输入需要的文字，选取文字，在属性栏中分别选择合适的字体并设置文字大小，效果如图 12-174 所示，在"图层"控制面板中分别生成新的文字图层。

（10）选择"移动"工具，分别选取需要的文字图层。按 Ctrl+T 组合键，文字周围出现变换框，按住 Ctrl 键的同时，拖曳变换框右上方的控制手柄，使文字斜切变形，按 Enter 键确定操作，效果如图 12-175 所示。选取文字"大功能……"，在"字符"面板中，将"设置所选字符的字距调整"选项设为 100，按 Enter 键，文字效果如图 12-176 所示。

图 12-174　　　　　　图 12-175　　　　　　图 12-176

（11）单击"图层"控制面板下方的"添加图层样式"按钮 _fx_，在弹出的菜单中选择"描边"命令，弹出对话框，将描边颜色设为深蓝色（其 R、G、B 的值分别为 0、64、121），其他选项的设置如图 12-177 所示，单击"确定"按钮，效果如图 12-178 所示。

图 12-177   图 12-178

（12）在"大功能……"文字图层上单击鼠标右键，在弹出的菜单中选择"拷贝图层样式"命令，分别在"6"、"3"文字图层上单击鼠标右键，在弹出的菜单中选择"粘贴图层样式"命令，效果如图 12-179 所示。

（13）选择"横排文字"工具 T，在适当的位置输入需要的文字，选取文字，在属性栏中选择合适的字体并设置文字大小，在"图层"控制面板中生成新的文字图层。按 Ctrl+T 组合键，文字周围出现变换框，按住 Ctrl 键的同时，拖曳变换框右上方的控制手柄，使文字斜切变形，按 Enter 键确定操作，效果如图 12-180 所示。

图 12-179   图 12-180

（14）单击"图层"控制面板下方的"添加图层样式"按钮 _fx_，在弹出的菜单中选择"描边"命令，弹出对话框，在"填充类型"选项的下拉列表中选择"渐变"选项，单击"渐变"选项右侧的"点按可编辑渐变"按钮，弹出"渐变编辑器"对话框，将渐变色设为从深蓝色（其 R、G、B 值分别为 0、48、121）到蓝色（其 R、G、B 值分别为 0、147、220），如图 12-181 所示，单击"确定"按钮，返回到"描边"对话框，其他选项的设置如图 12-182 所示，单击"确定"按钮，效果如图 12-183 所示。

（15）将前景色设为红色（其 R、G、B 值分别为 225、51、50）。选择"横排文字"工具 T，分别在适当的位置输入需要的文字，选取文字，在属性栏中选择合适的字体并设置文字大小，效果如图 12-184 所示，在"图层"控制面板中生成新的文字图层。

图 12-181

图 12-182

图 12-183

图 12-184

（16）选择"中天"图层。单击"图层"控制面板下方的"添加图层样式"按钮 **fx.**，在弹出的菜单中选择"斜面和浮雕"命令，在弹出的对话框中进行设置，如图 12-185 所示，单击"确定"按钮，效果如图 12-186 所示。

图 12-185

图 12-186

（17）在"中天"文字图层上单击鼠标右键，在弹出的快捷菜单中选择"拷贝图层样式"命令，在"ZHONG TIAN"文字图层上单击鼠标右键，在弹出的快捷菜单中选择"粘贴图层样式"命令，效果如图 12-187 所示。

（18）按 Ctrl+O 组合键，打开光盘中的"Ch12 > 素材 > 制作牙膏广告 > 04、05"文件。选择"移动"工具 **▶+**，将 04、05 图片拖曳到图像窗口中的适当位置并分别调整其大小，效果如图 12-188 所示，在"图层"控制面板中生成新的图层并将其命名为"文字"、"图形"。至此，牙膏广告制作完成，效果如图 12-189 所示。

图 12-187 图 12-188 图 12-189

课堂练习 1——制作房地产广告

练习 1.1 【项目背景及要求】

1. 客户名称
福尔房地产开发有限公司

2. 客户需求
福尔房地产开发有限公司是一家经营房地产开发、物业管理和城市商品住宅等业务的全方位房地产公司，其麦菲尔庄园即将开盘，要求设计制作宣传单，适合用于展会、巡展和街头派发。宣传单要将最大的卖点有效地表达出来，第一时间吸引客户的注意。

3. 设计要求
（1）设计风格独特，形式新颖，具有创新意识。
（2）突出对住宅的宣传，并传达出公司的理念。
（3）设计要求华丽大气，图文编排合理并且具有特色。
（4）使用黄色作为画面的主色调，体现住宅的品质。
（5）设计规格均为 160mm（宽）×105mm（高），分辨率为 300 dpi。

练习 1.2 【项目创意及制作】

1. 素材资源
图片素材所在位置：光盘中的"Ch12 > 素材 > 制作房地产广告 > 01~05"。
文字素材所在位置：光盘中的"Ch12 > 素材 > 制作房地产广告 > 文字文档"。

2. 作品参考
设计作品参考效果所在位置：光盘中的"Ch12 > 效果 > 制作房地产广告.psd"，效果如图 12-190 所示。

图 12-190

3. 制作要点
使用投影命令制作卷轴的投影效果；使用图层蒙版工具制作楼房的水中投影；使用文本工具制作广告内文。

课堂练习 2——制作笔记本电脑广告

练习 2.1 【项目背景及要求】

1. 客户名称

骏夏电脑

2. 客户需求

骏夏电脑以生产、设计、销售家用以及办公室电脑而闻名，包括生产与销售服务器、数据储存设备和网络设备等。为了宣传品牌推出的新款笔记本，需要制作广告进行宣传，要求广告画面绚丽，能够引人注意。

3. 设计要求

（1）设计广告的背景使用渐变的效果，使画面看起来具有空间感和延伸性。

（2）使用花纹等装饰性图案进行装饰，丰富画面。

（3）整体风格要求具有创意，体现科技与创新感。

（4）设计规格均为 297mm（宽）× 210mm（高），分辨率为 300 dpi。

练习 2.2 【项目创意及制作】

1. 素材资源

图片素材所在位置：光盘中的"Ch12＞素材＞制作笔记本电脑广告＞01~04"。

文字素材所在位置：光盘中的"Ch12＞素材＞制作笔记本电脑广告＞文字文档"。

2. 作品参考

设计作品参考效果所在位置：光盘中的"Ch12＞效果＞制作笔记本电脑广告.psd"，效果如图 12-191 所示。

3. 制作要点

使用混合模式选项、不透明度选项添加图片叠加效果；使用创建剪贴蒙版命令将人物图片剪贴到主体对象中；使用椭圆工具和羽化选区命令绘制装饰图形；使用横排文字工具添加宣传性文字。

图 12-191

课后习题 1——制作化妆品广告

习题 1.1 【项目背景及要求】

1. 客户名称

欧诺化妆品有限公司

2．客户需求

欧诺化妆品是一家专门经营高档女性化妆品的公司，公司近期推出一款面霜，是针对白领女性研发而成的，现进行宣传活动，需要制作一幅针对此次宣传活动的广告，要求符合公司形象，并且要迎合女性的喜好。

3．设计要求

（1）广告背景要求制作出梦幻，深海视觉效果。

（2）画面要求干净清爽，体现自然纯净的化妆品效果。

（3）设计要求使用水滴进行点缀搭配，丰富画面效果，与背景搭配和谐舒适。

（4）广告设计能够吸引女性的注意力，突出对产品内容的介绍。

（5）设计规格均为 297mm（宽）× 210mm（高），分辨率为 300 dpi。

习题 1.2　【项目创意及制作】

1．素材资源

图片素材所在位置：光盘中的"Ch12 > 素材 > 制作化妆品广告 > 01~11"。

文字素材所在位置：光盘中的"Ch12 > 素材 > 制作化妆品广告 > 文字文档"。

2．作品参考

设计作品参考效果所在位置：光盘中的"Ch12 > 效果 > 制作化妆品广告.psd"，效果如图 12-192 所示。

3．制作要点

使用渐变工具绘制背景效果；使用添加图层蒙版命令和渐变工具制作图片的渐隐效果；使用混合模式选项、不透明度选项制作图片融合效果；使用画笔工具擦除不需要的图像；使用横排文字工具添加宣传性文字。

图 12-192

课后习题 2——制作汽车广告

习题 2.1　【项目背景及要求】

1．客户名称

飞驰汽车集团

2．客户需求

飞驰汽车集团以高质量、高性能的汽车产品闻名于世，目前飞驰汽车集团推出最新优惠购车方式，要求制作针对本次活动的宣传广告，能适用于街头派发、橱窗及公告栏展示，以宣传活动为主要内容，要求内容明确清晰。

3．设计要求

（1）广告背景以飞驰汽车为主，将文字与图片相结合，相互衬托。

（2）文字设计要具有特色，能够在画面中视觉突出，将本次活动全面概括地表现出来。

（3）设计要求采用横版的形式，色彩对比强烈，形成视觉冲击。

（4）广告设计能够带给观者速度与品质的品牌特色，并体现品牌风格。

（5）设计规格均为 297mm（宽）× 210mm（高），分辨率为 300 dpi。

习题 2.2 【项目创意及制作】

1．素材资源

图片素材所在位置：光盘中的"Ch12 > 素材 > 制作汽车广告 > 01~05"。

文字素材所在位置：光盘中的"Ch12 > 素材 > 制作汽车广告 > 文字文档"。

2．作品参考

设计作品参考效果所在位置：光盘中的"Ch12 > 效果 > 制作汽车广告.psd"，效果如图 12-193 所示。

3．制作要点

使用矩形工具、添加图层样式按钮制作背景图；使用横排文字工具、透视命令和投影命令制作标题文字；使用圆角矩形工具和创建剪贴蒙版命令制作图片剪切效果。

图 12-193

12.5 书籍装帧设计——儿童教育书籍设计

12.5.1 【项目背景及要求】

1．客户名称

易峰青少年出版社

2．客户需求

《青少年的成长日记》是易峰青少年出版社策划的一本儿童书籍，书中的内容充满知识性和趣味性，使孩子在乐趣中体会人生道理。要求进行书籍的封面设计，用于图书的出版及发售，设计要符合儿童的喜好，避免出现成人化现象，保持童真和乐趣。

3．设计要求

（1）书籍封面的设计要以儿童喜欢的元素为主导。

（2）设计要求使用儿童插画的形式来诠释书籍内容，表现书籍特色。

（3）画面色彩要符合童真，使用柔和舒适的色彩，丰富画面效果。

（4）设计风格具有特色，能够引起儿童的好奇，以及阅读兴趣。

（5）设计规格均为 456mm（宽）×303mm（高），分辨率为 150 dpi。

12.5.2 【项目创意及流程】

1．素材资源

图片素材所在位置：光盘中的"Ch12 > 素材 > 制作儿童教育书籍封面 > 01~09"。

文字素材所在位置：光盘中的"Ch12 > 素材 > 制作儿童教育书籍封面 > 文字文档"。

2．设计流程

制作封面效果　　　制作封底效果　制作书脊效果　　　　最终效果

3．制作要点

使用新建参考线命令添加参考线；使用钢笔工具、描边命令制作背景底图；使用横排文字工具和添加图层样式按钮制作标题文字；使用移动工具添加素材图片；使用自定形状工具绘制装饰图形。

12.5.3 【案例制作及步骤】

1．制作封面效果

（1）按 Ctrl+N 组合键，新建一个文件：宽度为 45.6cm，高度为 30.3cm，分辨率为 150ppi，颜色模式为 RGB，背景内容为白色，单击"确定"按钮，新建一个文件。选择"视图 > 新建参考线"命令，弹出"新建参考线"对话框，参数设置如图 12-194 所示，单击"确定"按钮，效果如图 12-195 所示。用相同的方法，在 30cm 处新建一条水平参考线，效果如图 12-196 所示。

图 12-194　　　　　　图 12-195　　　　　　图 12-196

（2）选择"视图 > 新建参考线"命令，弹出"新建参考线"对话框，参数设置如图 12-197 所示，单击"确定"按钮，效果如图 12-198 所示。用相同的方法，分别在 21.55cm、24.05cm 和 45.3cm 处新建垂直参考线，效果如图 12-199 所示。

图 12-197　　　　　　图 12-198　　　　　　图 12-199

（3）单击"图层"控制面板下方的"创建新组"按钮 📁，生成新的图层组并将其命名为"封面"。选择"钢笔"工具 ✐，在属性栏中的"选择工具模式"选项中选择"路径"，在图像窗口中拖曳鼠标绘制路径，如图 12-200 所示。

（4）新建图层并将其命名为"底图"。将前景色设为淡粉色（其 R、G、B 的值分别为 249、231、205）。按 Ctrl+Enter 组合键，将路径转化为选区，按 Alt+Delete 组合键，用前景色填充选区，按 Ctrl+D 组合键，取消选区，效果如图 12-201 所示。

图 12-200　　　　　　　　　　　　图 12-201

（5）单击"图层"控制面板下方的"添加图层样式"按钮 fx，在弹出的菜单中选择"描边"命令，弹出对话框，选项的设置如图 12-202 所示，单击"确定"按钮，效果如图 12-203 所示。

图 12-202　　　　　　　　　　　　图 12-203

（6）将前景色设为黑色。选择"横排文字"工具 T，在图像窗口中输入需要的文字，选取文字，在属性栏中选择合适的字体并设置文字大小，效果如图 12-204 所示。按 Alt+← 组合键，适当调整文字间距，取消文字选取状态，效果如图 12-205 所示，在"图层"控制面板中生成新的文字图层。

图 12-204　　　　　　　　图 12-205

（7）单击"图层"控制面板下方的"添加图层样式"按钮 fx，在弹出的菜单中选择"投影"命令，弹出对话框，选项的设置如图 12-206 所示，单击"确定"按钮，效果如图 12-207 所示。

图 12-206

图 12-207

（8）单击"图层"控制面板下方的"添加图层样式"按钮 fx，在弹出的菜单中选择"描边"命令，弹出对话框，将描边颜色设为白色，其他选项的设置如图 12-208 所示，单击"确定"按钮，效果如图 12-209 所示。

图 12-208

图 12-209

（9）选择"横排文字"工具 T，在图像窗口中输入需要的文字，选取文字，在属性栏中选择合适的字体并设置文字大小，按 Alt+←组合键，适当调整文字间距，效果如图 12-210 所示，在"图层"控制面板中生成新的文字图层。

（10）单击"图层"控制面板下方的"添加图层样式"按钮 fx，在弹出的菜单中选择"投影"命令，弹出对话框，选项的设置如图 12-211 所示，单击"确定"按钮，效果如图 12-212 所示。

图 12-210

图 12-211

图 12-212

（11）单击"图层"控制面板下方的"添加图层样式"按钮 **fx.**，在弹出的菜单中选择"描边"命令，弹出对话框，将描边颜色设为白色，其他选项的设置如图 12-213 所示，单击"确定"按钮，效果如图 12-214 所示。

图 12-213　　　　　　　　　　图 12-214

（12）按 Ctrl+O 组合键，分别打开光盘中的"Ch12 > 素材 > 儿童教育书籍设计 > 01、02、03"文件，选择"移动"工具 **▶+**，分别将图片拖曳到图像窗口中的适当位置并调整其大小，如图 12-215 所示，在"图层"控制面板中生成新的图层并将其命名为"书"、"狗"和"白云"。

（13）连续两次将"白云"图层拖曳到"图层"控制面板下方的"创建新图层"按钮 **▣** 上进行复制，生成新的副本图层。选择"移动"工具 **▶+**，在图像窗口中分别拖曳复制出的白云图片到适当的位置并调整其大小，效果如图 12-216 所示。

图 12-215　　　　　　　　　　图 12-216

（14）按住 Shift 键的同时，依次单击需要的图层，将其同时选取，如图 12-217 所示。将选中的图层拖曳到"青少年的"文字图层的下方，如图 12-218 所示，图像效果如图 12-219 所示。

图 12-217　　　　　图 12-218　　　　　图 12-219

（15）选中"成长日记"文字图层。按 Ctrl+O 组合键，分别打开光盘中的"Ch12 > 素材 > 儿童教育书籍设计 > 04、05"文件，选择"移动"工具 ，分别将图片拖曳到图像窗口中的适当位置，如图 12-220 所示，在"图层"控制面板中生成新的图层并将其命名为"放大镜"、"标签"。

（16）将前景色设为黑色。选择"横排文字"工具 ，输入需要的文字并选取文字，在属性栏中选择合适的字体并设置文字大小，效果如图 12-221 所示，在"图层"控制面板中生成新的文字图层。

图 12-220   图 12-221

（17）新建图层并将其命名为"圆形"。将前景色设为橘红色（其 R、G、B 的值分别为 248、93、37）。选择"椭圆"工具 ，在属性栏中的"选择工具模式"选项中选择"填充像素"，按住 Shift 键的同时，在文字右侧适当的位置绘制一个圆形，如图 12-222 所示。

（18）将前景色设为白色。选择"横排文字"工具 ，在圆形上输入需要的文字，选取文字，在属性栏中选择合适的字体并设置文字大小，效果如图 12-223 所示，在"图层"控制面板中生成新的文字图层。

图 12-222   图 12-223

（19）将前景色设为橘红色（其 R、G、B 的值分别为 248、93、37）。选择"横排文字"工具 ，在适当的位置输入需要的文字并选取文字，在属性栏中选择合适的字体并设置文字大小，按 Alt+↑ 组合键，调整文字行距，效果如图 12-224 所示，在"图层"控制面板中生成新的文字图层。

（20）单击"图层"控制面板下方的"添加图层样式"按钮 ，在弹出的菜单中选择"描边"命令，弹出对话框，将描边颜色设为白色，其他选项的设置如图 12-225 所示，单击"确定"按钮，效果如图 12-226 所示。

图 12-224   图 12-225   图 12-226

（21）按 Ctrl+O 组合键，分别打开光盘中的"Ch12 > 素材 > 儿童教育书籍设计 > 06、07"文件，选择"移动"工具 ，分别将图片拖曳到图像窗口中的适当位置并调整其大小，如图 12-227 所示，在"图层"控制面板中生成新的图层并将其命名为"图片"、"问号"。

（22）将前景色设为黑色。选择"横排文字"工具 ，在适当的位置输入需要的文字，选取文字，在属性栏中选择合适的字体并设置文字大小，效果如图 12-228 所示，在"图层"控制面板中生成新的文字图层。

图 12-227　　　　　　　　　　图 12-228

（23）选择"横排文字"工具 ，单击属性栏中的"右对齐文本"按钮 ，在适当的位置输入需要的文字，选取文字，在属性栏中选择合适的字体并设置文字大小，按 Alt+↑组合键，调整文字行距，效果如图 12-229 所示，在"图层"控制面板中生成新的文字图层。

（24）将前景色设为橘红色（其 R、G、B 的值分别为 248、93、37）。新建图层并将其命名为"形状 1"。选择"自定形状"工具 ，单击属性栏中的"形状"选项，弹出"形状"面板，在"形状"面板中选中图形"花 2 边框"，如图 12-230 所示。在属性栏中的"选择工具模式"选项中选择"填充像素"，按住 Shift 键的同时，在图像窗口中拖曳鼠标绘制图形，效果如图 12-231 所示。

图 12-229　　　　　　　　图 12-230　　　　　　　　图 12-231

（25）新建图层并将其命名为"形状 2"。选择"自定形状"工具 ，单击属性栏中的"形状"选项，弹出"形状"面板，在"形状"面板中选中图形"太阳 2"，如图 12-232 所示。按住 Alt+Shift 组合键的同时，以原图形的中心为中点拖曳鼠标再绘制一个图形，效果如图 12-233 所示。

（26）将前景色设为黑色。选择"横排文字"工具 ，单击属性栏中的"左对齐文本"按钮 ，在适当的位置输入需要的文字，选取文字，在属性栏中选择合适的字体并设置文字大小，效果如图 12-234 所示，在"图层"控制面板中生成新的文字图层。单击"封面"图层组左侧的三角形图标 ，将"封面"图层组中的图层隐藏。

图 12-232

图 12-233

图 12-234

2. 制作封底效果

（1）单击"图层"控制面板下方的"创建新组"按钮▢，生成新的图层组并将其命名为"封底"。将前景色设为橘红色（其 R、G、B 的值分别为 248、93、37）。选择"横排文字"工具▢，在适当的位置输入需要的文字，选取文字，在属性栏中选择合适的字体并设置文字大小，效果如图 12-235 所示，在"图层"控制面板中生成新的文字图层。

（2）将前景色设为黑色。选择"横排文字"工具▢，在适当的位置输入需要的文字，选取文字，在属性栏中选择合适的字体并设置文字大小，按 Alt+↑组合键，调整文字行距，效果如图 12-236 所示，在"图层"控制面板中生成新的文字图层。

图 12-235

经典故事　解读童心　教育版

维护和肯定孩子好奇、顽皮、自由、快乐天性，
用最简单、最明快的方式，书写最烂漫的童年。

图 12-236

（3）在"封面"图层组中，选中"问号"图层，按 Ctrl+J 组合键，复制"问号"图层，生成新的图层"问号 副本"。将"问号 副本"图层拖曳到"封底"图层组中的"维护和肯定…童年。"文字图层的上方，如图 12-237 所示。选择"移动"工具▣，在图像窗口中拖曳复制出的图片到适当的位置并调整其大小，效果如图 12-238 所示。

图 12-237

经典故事　解读童心　教育版

维护和肯定孩子好奇、顽皮、自由、快乐天性，
用最简单、最明快的方式，书写最烂漫的童年。

图 12-238

（4）选择"横排文字"工具▢，在图像窗口中光标变为▢，在适当的位置按住鼠标不放，并向右下方拖曳鼠标，在图像窗口中拖曳出一个段落文本框，如图 12-239 所示。在属性栏中选择合适的字体并设置文字大小，输入需要的文字并选取文字，按 Alt+↑组合键，调整文字行距，效果如图 12-240

所示。

图 12-239   图 12-240

（5）保持文字选取状态。选择"窗口 > 段落"命令，弹出"段落"面板，将"首行缩进"选项设置为30点，其他选项的设置如图 12-241 所示，按 Enter 键确认操作，取消文字选取状态，效果如图 12-242 所示。

图 12-241   图 12-242

（6）按 Ctrl+O 组合键，打开光盘中的"Ch12 > 素材 > 儿童教育书籍设计 >08"文件，选择"移动"工具，将图片拖曳到图像窗口中的适当位置并调整其大小，如图 12-243 所示，在"图层"控制面板中生成新的图层并将其命名为"图片 1"。

（7）新建图层并将其命名为"圆形 1"。将前景色设为橘红色（其 R、G、B 的值分别为 248、93、37）。选择"椭圆"工具，按住 Shift 键的同时，在适当的位置绘制一个圆形，如图 12-244 所示。

图 12-243   图 12-244

（8）单击"图层"控制面板下方的"添加图层样式"按钮，在弹出的菜单中选择"投影"命令，弹出对话框，选项的设置如图 12-245 所示，单击"确定"按钮，效果如图 12-246 所示。

（9）将前景色设为白色。选择"横排文字"工具，在圆形上输入需要的文字，选取文字，在属性栏中选择合适的字体并设置文字大小，按 Alt+↑ 组合键，调整文字间距，效果如图 12-247 所示，在"图层"控制面板中分别生成新的文字图层。

图 12-245

图 12-246

图 12-247

（10）选择"横排文字"工具 [T]，选中数字"39"，在属性栏中设置合适的文字大小，取消文字选取状态，效果如图 12-248 所示。

（11）按 Ctrl+O 组合键，打开光盘中的"Ch12 > 素材 > 儿童教育书籍设计 > 09"文件，选择"移动"工具 [↵]，将图片拖曳到图像窗口中的适当位置并调整其大小，如图 12-249 所示，在"图层"控制面板中生成新的图层并将其命名为"条形码"。

图 12-248

图 12-249

3. 制作书脊效果

（1）单击"图层"控制面板下方的"创建新组"按钮 [▢]，生成新的图层组并将其命名为"书脊"。在"封面"图层组中，按住 Shift 键的同时，依次单击选中需要的图层，按 Ctrl+J 组合键，复制选中图层，生成新的副本图层，如图 12-250 所示。将生成的副本图层拖曳到"书脊"图层组中，如图 12-251 所示。选择"移动"工具 [↵]，在图像窗口中分别拖曳复制出的图片到适当的位置并调整其大小，效果如图 12-252 所示。

图 12-250

图 12-251

图 12-252

（2）在"封面"图层组中，选中"青少年的"文字图层，按 Ctrl+J 组合键，复制该文字图层，生成新的文字图层"青少年的 副本"，将"青少年的 副本"文字图层拖曳到"书脊"图层组中的"白云副本 3"图层的上方，如图 12-253 所示。选择"移动"工具 ➕，在图像窗口中拖曳复制的文字到适当的位置，效果如图 12-254 所示。

（3）选择"横排文字"工具 T，选取文字"青少年的"，单击属性栏中的"切换文本方向"按钮 ↧，将文字切换为直排文本，在属性栏中设置合适的文字大小，并分别调整适当的间距和行距，拖曳文字到书脊适当的位置，效果如图 12-255 所示。

图 12-253

图 12-254

图 12-255

（4）双击"投影"命令，弹出对话框，选项的设置如图 12-256 所示。选择"描边"选项，切换到相应的面板进行设置，如图 12-257 所示，单击"确定"按钮，效果如图 12-258 所示。

图 12-256

图 12-257

图 12-258

（5）使用相同的方法分别复制封面中其余需要的文字和图形，并分别调整其位置和大小，效果如图 12-259 所示。按 Ctrl+；组合键，隐藏参考线。至此，儿童教育书籍制作完成，效果如图 12-260 所示。

图 12-259   图 12-260

课堂练习 1——化妆美容书籍设计

练习 1.1 【项目背景及要求】

1. 客户名称
文理青年出版社

2. 客户需求
文理青年出版社即将出版一本关于化妆的书籍，名字叫做《四季美妆私语》，目前需要为书籍设计书籍封面，目的是为书籍的出版及发售使用，书籍设计要求围绕化妆这一主题，能够通过封面吸引读者注意，将内容在封面很好的体现。

3. 设计要求
（1）书籍封面的设计使用可爱漂亮的背景，注重细节的修饰和处理。
（2）整体色调美观舒适、色彩丰富、搭配自然。
（3）书籍的封面要表现出化妆的魅力和特色，与书籍主题相呼应。
（4）设计规格均为 466mm（宽）× 266mm（高），分辨率为 300 dpi。

练习 1.2 【项目创意及制作】

1. 素材资源
图片素材所在位置：光盘中的 "Ch12 > 素材 > 化妆美容书籍设计 > 01~07"。
文字素材所在位置：光盘中的 "Ch12 > 素材 > 化妆美容书籍设计 > 文字文档"。

2. 作品参考
设计作品参考效果所在位置：光盘中的 "Ch12 > 效果 > 化妆美容书籍设计.psd"，效果如图 12-261 所示。

图 12-261

3. 制作要点
使用新建参考线命令添加参考线；使用矩形工具、不透明度选项和创建剪贴蒙版命令制作图片的剪切效果；使用椭圆工具、定义图案命令和图案填充命令制作背景底图；使用自定形状工具绘制装饰图形；使用横排文字工具和描边命令添加相关文字。

课堂练习2——作文辅导书籍设计

练习 2.1 【项目背景及要求】

1. 客户名称
青年文学教育出版社

2. 客户需求
要求为《名师教你写作文》书籍设计书籍封面，目的是为书籍的出版及发售使用，本书的内容为介绍指导儿童写作文的方法技巧以及经典范文，所以设计要围绕儿童这一主题，通过封面直观快速地吸引读者，将书籍内容全面地表现出来。

3．设计要求
（1）书籍封面的设计以传达书籍内容为主要宗旨，紧贴主题。

（2）封面色彩以蓝色或黄色为主，画面要求色彩明亮。

（3）设计要求以儿童插画作为封面主要内容，明确主题。

（4）整体设计要体现儿童的欢乐感觉。

（5）设计规格均为 456mm（宽）× 303mm（高），分辨率为 300 dpi。

练习 2.2 【项目创意及制作】

1．素材资源
图片素材所在位置：光盘中的"Ch12 > 素材 > 作文辅导书籍设计 > 01~04"。

文字素材所在位置：光盘中的"Ch12 > 素材 > 作文辅导书籍设计 > 文字文档"。

2．作品参考
设计作品参考效果所在位置：光盘中的"Ch12 > 效果 > 作文辅导书籍设计.psd"，效果如图 12-262 所示。

3．制作要点
使用渐变工具、添加杂色滤镜命令和钢笔工具制作背景底图；使用文字工具、椭圆工具和描边命令制作标志图形；使用文字工具、扩展命令和添加图层样式按钮制作书名；使用圆角矩形工具和渐变工具制作封底标题。

图 12-262

课后习题 1——现代散文集书籍设计

习题 1.1 【项目背景及要求】

1. 客户名称
青年文学教育出版社

2. 客户需求

青年文学教育出版社即将出版一本名叫《现代散文集》的书籍，要求为其设计书籍封面，目的是为书籍的出版及发售使用，书籍内容是经典散文集合，要求封面的设计具有文学及艺术的风格，能够使人感受到文学气息。

3. 设计要求

（1）书籍的风格要具有文化气息，使用具有内涵的设计搭配。

（2）书籍封面多采用中国传统文化的符号，加深书籍的文化气息。

（3）要求使用低调、柔和的色彩，烘托封面氛围。

（4）封面的字体搭配要符合封面的整体风格。

（5）设计规格均为 456mm（宽）× 303mm（高），分辨率为 300 dpi。

习题 1.2 【项目创意及制作】

1. 素材资源

图片素材所在位置：光盘中的"Ch12 > 素材 > 现代散文集书籍设计 > 01~10"。

文字素材所在位置：光盘中的"Ch12 > 素材 > 现代散文集书籍设计 > 文字文档"。

2. 作品参考

设计作品参考效果所在位置：光盘中的"Ch12 > 效果 > 现代散文集书籍设计.psd"，效果如图 12-263 所示。

3. 制作要点

使用添加图层蒙版按钮、渐变工具制作图片的渐隐

图 12-263

效果；使用混合模式选项、不透明度选项制作图片的融合效果；使用文字工具和添加图层样式按钮为文字添加特殊效果；使用添加图层蒙版按钮和画笔工具制作封底图片的融合效果；使用喷色描边滤镜命令制作图章。

课后习题 2——少儿读物书籍设计

习题 2.1 【项目背景及要求】

1. 客户名称

佳趣图书文化有限公司

2. 客户需求

《快乐大冒险》是一本少儿科普漫画，以漫画的形式在趣味中使儿童学到知识，要求为《快乐大冒险》设计书籍封面，设计元素要符合儿童的特点，也要突出将漫画与知识相结合的书籍特色，避免出现儿童书籍成人化的现象。

3. 设计要求

（1）书籍封面的设计要有儿童书籍的风格和特色。

（2）设计要求将漫画、科学和儿童 3 种要素进行完美结合。

（3）画面色彩要符合儿童的喜好，用色大胆强烈，使用鲜艳的色彩，在视觉上吸引儿童的注意。

（4）要符合儿童充满好奇、阳光向上和色调明快的特点。

（5）设计规格均为 310mm（宽）× 210mm（高），分辨率为 300 dpi。

习题 2.2 【项目创意及制作】

1. 素材资源

图片素材所在位置：光盘中的"Ch12 > 素材 > 少儿读物书籍设计 > 01~04"。

文字素材所在位置：光盘中的"Ch12 > 素材 > 少儿读物书籍设计 > 文字文档"。

2. 作品参考

设计作品参考效果所在位置：光盘中的"Ch12 > 效果 > 少儿读物书籍设计.psd"，效果如图 12-264 所示。

3. 制作要点

使用图案填充命令、图层混合模式选项制作背景效

图 12-264

果；使用钢笔工具、横排文字工具、添加图层样式按钮制作标题文字；使用圆角矩形工具、自定形状工具绘制装饰图形；使用钢笔工具、文字工具制作区域文字。

12.6 包装设计——制作果汁饮料包装

12.6.1 【项目背景及要求】

1. 客户名称

云天饮品有限公司

2. 客户需求

云天饮品有限公司是一家以果汁饮品为主要经营范围的食品公司，要求为本公司最新研制的新品葡萄汁制作产品包装，包装重点表现果汁的口感与最新的产品特色，与品牌的形象相贴合，吸引消费者注意。

3. 设计要求

（1）包装风格要求清新自然，突出品牌和卖点。

（2）清新的色彩能够触动顾客的味蕾，要求色彩明快夺人眼球。

（3）设计要求简洁大方，以新鲜的葡萄作为包装的设计要素，文字效果在画面中突出。

（4）整体效果要求具有动感和活力。

（5）设计规格均为 80mm（宽）×120mm（高），分辨率为 300 dpi。

12.6.2 【项目创意及流程】

1. 素材资源

图片素材所在位置：光盘中的"Ch12 > 素材 > 制作果汁饮料包装 > 01~04"。

文字素材所在位置：光盘中的"Ch12 > 素材 > 制作果汁饮料包装 > 文字文档"。

2. 设计流程

制作背景效果　　　　输入并编辑文字　　　　添加平面图　　　　最终效果

3. 制作要点

使用直线工具和图层混合模式制作背景效果；使用多边形工具绘制装饰星形；使用光照效果命令制作背景光照效果；使用切变命令使包装变形；使用矩形选框工具、羽化命令和曲线命令制作包装的明暗变化。

12.6.3 【案例制作及步骤】

1. 添加并编辑文字

（1）按 Ctrl+O 组合键，打开光盘中的"Ch12 > 素材 > 制作果汁饮料包装 > 01"文件，如图 12-265 所示。将前景色设为黄色（其 R、G、B 值分别为 255、255、0）。选择"横排文字"工具 T ，在适当的位置输入需要的文字，选取文字，在属性栏中选择合适的字体和文字大小，效果如图 12-266 所示，在"图层"控制面板中生成新的文字图层。

图 12-265　　　　　　　　　　图 12-266

（2）单击属性栏中的"创建文字变形"按钮，弹出"变形文字"对话框，选项的设置如图 12-267 所示，单击"确定"按钮，效果如图 12-268 所示。

图 12-267 　　　　　　　　　　　　　　图 12-268

（3）单击"图层"控制面板下方的"添加图层样式"按钮 *fx.*，在弹出的菜单中选择"投影"命令，弹出对话框，选项的设置如图 12-269 所示，单击"确定"按钮，效果如图 12-270 所示。

图 12-269 　　　　　　　　　　　　　　图 12-270

（4）将前景色设为白色。选择"横排文字"工具 T.，在适当的位置输入需要的文字，选取文字，在属性栏中选择合适的字体和文字大小，效果如图 12-271 所示，在"图层"控制面板中生成新的文字图层。

（5）新建图层并将其命名为"注册标志"。选择"自定形状"工具 ，单击属性栏中的"形状"选项，弹出"形状"面板，单击面板右上方的按钮 ，在弹出的菜单中选择"符号"选项，弹出提示对话框，单击"追加"按钮，在形状面板中选择所需图形，如图 12-272 所示。在属性栏中的"选择工具模式"选项中选择"填充像素"，在图像窗口中适当的位置绘制图形，效果如图 12-273 所示。

图 12-271 　　　　　　　　图 12-272 　　　　　　　　图 12-273

（6）选择"横排文字"工具 T.，在适当的位置输入需要的文字，选取文字，在属性栏中选择合适的字体和文字大小，在"图层"控制面板中生成新的文字图层。按 Ctrl+T 组合键，弹出"字符"面板，设置如图 12-274 所示，按 Enter 键，文字效果如图 12-275 所示。

图 12-274　　　　　　　　　　　图 12-275

（7）单击"图层"控制面板下方的"添加图层样式"按钮 *fx*，在弹出的菜单中选择"投影"命令，弹出对话框，选项的设置如图 12-276 所示，单击"确定"按钮，效果如图 12-277 所示。

图 12-276　　　　　　　　　　　图 12-277

（8）新建图层并将其命名为"星星"。选择"自定形状"工具 ，单击属性栏中的"形状"选项，弹出"形状"面板，单击面板右上方的按钮 ，在弹出的菜单中选择"形状"选项，弹出提示对话框，单击"追加"按钮，在形状面板中选择所需图形，如图 12-278 所示。在属性栏中的"选择工具模式"选项中选择"填充像素"，在图像窗口中适当的位置绘制图形，效果如图 12-279 所示。

图 12-278　　　　　　　　　　　图 12-279

（9）选择"移动"工具 ，按住 Alt 键的同时，用鼠标拖曳星星图形到适当的位置，复制图形，效果如图 12-280 所示，在"图层"控制面板中生成新的图层"星星 副本"。

（10）将前景色设为红色（其 R、G、B 值分别为 153、0、0）。选择"横排文字"工具 T，在适当的位置输入需要的文字，选取文字，在属性栏中选择合适的字体和文字大小，效果如图 12-281 所示，在"图层"控制面板中生成新的文字图层。

图 12-280　　　　　　　　　　　　　　　图 12-281

（11）单击"图层"控制面板下方的"添加图层样式"按钮 fx，在弹出的菜单中选择"描边"命令，弹出对话框，选项的设置如图 12-282 所示，单击"确定"按钮，效果如图 12-283 所示。

（12）按 Ctrl+Shift+E 组合键，将所有的图层合并。至此，果汁饮料包装平面图制作完成，效果如图 12-284 所示。按 Ctrl+S 组合键，弹出"存储为"对话框，将其命名为"果汁饮料包装平面图"，保存图像为 JPG 格式，单击"保存"按钮，将图像保存。

图 12-282　　　　　　　　　　图 12-283　　　　　　　图 12-284

2．制作包装立体效果

（1）按 Ctrl+N 组合键，新建一个文件，宽度为 15cm，高度为 15cm，分辨率为 150ppi，颜色模式为 RGB，背景内容为白色，单击"确定"按钮。将前景色设为绿色（其 R、G、B 的值分别为 0、204、105），按 Alt+Delete 组合键，用前景色填充背景图层。

（2）选择"滤镜 > 渲染 > 光照效果"命令，弹出"光照效果"对话框，在对话框左侧的右上方设置光源，其他选项的设置如图 12-285 所示，单击"确定"按钮，效果如图 12-286 所示。

（3）按 Ctrl+O 组合键，打开光盘中的"Ch12 > 素材 > 制作果汁饮料包装 > 02"文件，选择"移动"工具，将易拉罐图片拖曳到图像窗口中的适当位置并调整其大小，效果如图 12-287 所示，在"图层"控制面板中生成新的图层并将其命名为"易拉罐"。

（4）按 Ctrl+O 组合键，打开光盘中的"Ch12 > 效果 > 果汁饮料包装平面图.jpg"文件，选择"移动"工具，拖曳图片到图像窗口中的适当位置，效果如图 12-288 所示，在"图层"控制面板中生成新的图层并将其命名为"果汁饮料包装平面图"，如图 12-289 所示。

图 12-285

图 12-286

图 12-287

图 12-288

图 12-289

（5）按 Ctrl+T 组合键，在图像周围出现变换框时在变换框中单击鼠标右键，在弹出的菜单中选择"旋转 90 度（顺时针）"命令，将图像旋转，按 Enter 键确定操作，效果如图 12-290 所示。选择"滤镜 > 扭曲 > 切变"命令，在弹出的对话框中设置曲线的弧度，如图 12-291 所示，单击"确定"按钮，效果如图 12-292 所示。

图 12-290

图 12-291

图 12-292

（6）按 Ctrl+T 组合键，在图像周围出现变换框时在变换框中单击鼠标右键，在弹出的菜单中选择"旋转 90 度（逆时针）"命令，将图像逆时针旋转，按 Enter 键确定操作，效果如图 12-293 所示。在"图层"控制面板上方将"图片"图层的"不透明度"选项设为 50%，图像效果如图 12-294 所示。

图 12-293　　　　　　　　　图 12-294

（7）按 Ctrl+T 组合键，在图像周围出现控制手柄时拖曳鼠标调整图片的大小及位置，按 Enter 键确定操作，效果如图 12-295 所示。选择"钢笔"工具 ，在属性栏中的"选择工具模式"选项中选择"路径"，在图像窗口中沿着易拉罐的轮廓绘制路径，如图 12-296 所示。

（8）按 Ctrl+Enter 组合键，将路径转换为选区，按 Shift+Ctrl+I 组合键，将选区反选。按 Delete 键，将选区中的图像删除，按 Ctrl+D 组合键，取消选区，效果如图 12-297 所示。在"图层"控制面板上方，将"图片"图层的"不透明度"选项设为 100%，图像效果如图 12-298 所示。

图 12-295　　　　　图 12-296　　　　　图 12-297　　　　　图 12-298

（9）选择"矩形选框"工具 ，在易拉罐上绘制一个矩形选区，如图 12-299 所示。按 Shift+F6 组合键，在弹出的"羽化选区"对话框中进行设置，如图 12-300 所示，单击"确定"按钮，效果如图 12-301 所示。

图 12-299　　　　　　　图 12-300　　　　　　　图 12-301

（10）按 Ctrl+M 组合键，在弹出的"曲线"对话框中进行设置，如图 12-302 所示，单击"确定"按钮，按 Ctrl+D 组合键，取消选区，效果如图 12-303 所示。

图 12-302   图 12-303

（11）按 Ctrl+O 组合键，打开光盘中的"Ch12 > 素材 > 制作果汁饮料包装 > 03"文件，选择"移动"工具，将 04 图片拖曳到图像窗口中的适当位置并调整其大小，效果如图 12-304 所示，在"图层"控制面板中生成新的图层并将其命名为"高光"。在控制面板上方，将该图层的"不透明度"选项设为 40%，效果如图 12-305 所示。

图 12-304   图 12-305

（12）新建图层并将其命名为"阴影 1"。将前景色设置为黑色。选择"椭圆选框"工具，拖曳鼠标绘制一个椭圆选区，效果如图 12-306 所示。按 Shift+F6 组合键，在弹出的"羽化选区"对话框中进行设置，如图 12-307 所示，单击"确定"按钮。按 Alt+Delete 组合键，用前景色填充选区。按 Ctrl+D组合键，取消选区，效果如图 12-308 所示。

图 12-306   图 12-307   图 12-308

（13）新建图层并将其命名为"阴影 2"。选择"钢笔"工具，在属性栏中的"选择工具模式"选项中选择"路径"，在图像窗口中绘制一个封闭路径，效果如图 12-309 所示。按 Shift+F6 组合键，在弹出的"羽化选区"对话框中进行设置，如图 12-310 所示，单击"确定"按钮。按 Alt+Delete 组合键，用前景色填充选区。按 Ctrl+D 组合键，取消选区，效果如图 12-311 所示。

图 12-309　　　　　　　　　图 12-310　　　　　　　　　图 12-311

（14）在"图层"控制面板上方，将"阴影 2"图层的"不透明度"选项设为 70%，效果如图 12-312 所示。按住 Ctrl 键的同时，单击"阴影 1"图层，将其同时选取，拖曳到"背景"图层的上方，图像效果如图 12-313 所示。至此，果汁饮料包装效果制作完成。

图 12-312　　　　　　　　　图 12-313

3．制作包装展示效果

（1）按 Ctrl+O 组合键，打开光盘中的"Ch12 > 素材 > 制作果汁饮料包装 > 04"文件，效果如图 12-314 所示。

（2）按 Ctrl+O 组合键，打开光盘中的"Ch12 > 效果 > 果汁饮料包装.psd"文件，按住 Shift 键的同时，单击"高光"图层和"易拉罐"图层，将其同时选取，按 Ctrl+E 组合键，合并图层并将其命名为"效果"。选择"移动"工具，在图像窗口中拖曳选中的图片到 04 素材的图像窗口中的适当位置，并调整其大小和角度，效果如图 12-315 所示。

（3）按 Ctrl+J 组合键，复制"效果"图层，生成新的副本图层。选择"移动"工具，在图像窗口中将复制的图片拖曳到适当的位置，并调整其大小和角度，效果如图 12-316 所示。

图 12-314　　　　　　　图 12-315　　　　　　　图 12-316

（4）选择"效果"图层。将前景色设为黑色。单击"图层"控制面板下方的"添加图层蒙版"按钮 ，为图层添加蒙版。选择"画笔"工具 ，在属性栏中单击"画笔"选项右侧的按钮 ，弹出"画笔"选择面板，选项的设置如图 12-317 所示，在图像窗口中单击擦除不需要的图像。用相同的方法擦除"效果 副本"图层中不需要的图像，效果如图 12-318 所示。至此，果汁饮料包装展示效果制作完成，效果如图 12-319 所示。

图 12-317

图 12-318

图 12-319

课堂练习 1——制作小提琴 CD 包装

练习 1.1 【项目背景及要求】

1. 客户名称

星星唱片

2. 客户需求

星星唱片是一家涉及唱片印刷、唱片出版、音乐制作、版权代理及无线运营等业务的唱片公司，公司即将推出一张名叫《音乐嘉年华》的小提琴音乐专辑，需要制作专辑封面，封面设计要围绕专辑主题，注重专辑内涵的表现。

3. 设计要求

（1）包装封面使用自然美景的摄影照片，使画面看起来清新自然。

（2）使用小提琴图片放在画面主要位置，突出主题。

（3）整体风格贴近自然，通过包装的独特风格吸引消费者的注意。

（4）整体风格能够体现艺术与音乐的特色。

（5）设计规格均为 480mm（宽）× 150mm（高），分辨率为 300 dpi。

练习 1.2 【项目创意及制作】

1. 素材资源

图片素材所在位置：光盘中的"Ch12 > 素材 > 制作小提琴 CD 包装 > 01~06"。

文字素材所在位置：光盘中的"Ch12 > 素材 > 制作小提琴 CD 包装 > 文字文档"。

2．作品参考

设计作品参考效果所在位置：光盘中的"Ch12 > 效果 > 制作小提琴 CD 包装.psd"，效果如图 12-320 所示。

图 12-320

3．制作要点

使用文字工具输入介绍性文字；使用渐变工具、投影命令和描边命令制作主体文字；使用剪切蒙版命令制作光盘封面；使用投影命令为图像添加投影制作包装展示效果。

课堂练习2——制作方便面包装

练习 2.1 【项目背景及要求】

1．客户名称

旺师傅食品有限公司

2．客户需求

旺师傅食品有限公司是一家经营方便面为主的食品公司，目前其品牌经典的红烧牛肉面需要更换包装全新上市，要求制作一款方便面外包装设计，方便面因其方便味美得到广泛认可，所以包装设计要求抓住产品特点，达到宣传效果。

3．设计要求

（1）包装风格要求使用红色，体现中国传统特色。

（2）字体要求使用书法字体，配合整体的包装风格，使包装更具文化气息。

（3）设计要求简洁大气，图文搭配编排合理，视觉效果强烈。

（4）以真实的产品图片展示，向观者传达信息内容。

（5）设计规格均为 210mm（宽）×285mm（高），分辨率为 300 dpi。

练习 2.2 【项目创意及制作】

1．素材资源

图片素材所在位置：光盘中的"Ch12 > 素材 > 制作方便面包装 > 01~06"。

文字素材所在位置：光盘中的"Ch12 > 素材 > 制作方便面包装 > 文字文档"。

2．作品参考

设计作品参考效果所在位置：光盘中的"Ch12＞效果＞制作方便面包装.psd"，效果如图 12-321 所示。

3．制作要点

使用钢笔工具和创建剪贴蒙版命令制作背景效果；使用载入选区命令和渐变工具添加亮光；使用文字工具和描边命令添加宣传文字；使用椭圆选框工具和羽化命令制作阴影；使用创建文字变形工具制作文字变形；使用矩形选框工具和羽化命令制作封口。

图 12-321

课后习题 1——制作洗发水包装

习题 1.1　【项目背景及要求】

1．客户名称

BINGLINGHUA 洗发水

2．客户需求

BINGLINGHUA 洗发水是一家著名的护发品牌，公司在充分了解消费者需求的基础上不断研发出更新、更优质的产品，满足消费者的需求。目前公司推出了一款最新的洗发水产品，要求为其设计包装，包装要求美观独特。

3．设计要求

（1）包装的瓶身使用白色，瓶盖使用绿色，能够使其相互衬托。

（2）设计风格简洁时尚，包装清爽自然。

（3）要求体现产品的特色与最新产品技术。

（4）设计规格均为 297mm（宽）× 210mm（高），分辨率为 300 dpi。

习题 1.2　【项目创意及制作】

1．素材资源

图片素材所在位置：光盘中的"Ch12＞素材＞制作洗发水包装＞01~07"。

文字素材所在位置：光盘中的"Ch12＞素材＞制作洗发水包装＞文字文档"。

2．作品参考

设计作品参考效果所在位置：光盘中的"Ch12＞效果＞制作洗发水包装.psd"，效果如图 12-322 所示。

3．制作要点

使用渐变工具、混合模式选项制作图片的渐隐效果；使用圆角矩形工具、添加图层样式按钮制作装饰图形；使用横排文字工具添加宣传性文字。

图 12-322

课后习题 2——制作茶叶包装

习题 2.1 【项目背景及要求】

1. 客户名称

北京青峰茶业有限公司

2. 客户需求

北京青峰茶业有限公司生产的茶叶均选用上等原料并采用独特的加工工艺，以其"汤清、味浓，入口芳香，回味无穷"的特色，深得国内外茶客的欢迎，公司要求制作新出品的大红袍茶叶包装，此款茶叶面向的是成功的商业人士，所以茶叶包装要求具有收藏价值，并且能够弘扬发展茶文化。

3. 设计要求

（1）要求设计人员深入了解大红袍的茶叶文化，根据其文化渊源进行设计，体现人文特色。

（2）包装设计要具有中国传统的文化内涵，以茶具作为包装的元素，在包装上有所体现。

（3）要求用色沉稳浓厚，体现茶叶的内在价值。

（4）以真实简洁的方式向观者传达信息内容。

（5）设计规格均为 340mm（宽）× 400mm（高）× 100mm（厚），分辨率为 300 dpi。

习题 2.2 【项目创意及制作】

1. 素材资源

图片素材所在位置：光盘中的"Ch12 > 素材 > 制作茶叶包装 > 01~09"。

文字素材所在位置：光盘中的"Ch12 > 素材 > 制作茶叶包装 > 文字文档"。

2. 作品参考

设计作品参考效果所在位置：光盘中的"Ch12 > 效果 > 制作茶叶包装.psd"，效果如图 12-323 所示。

图 12-323

3．制作要点

使用渐变工具、添加图层蒙版按钮和画笔工具制作背景效果；使用直线工具、混合模式选项和不透明度选项制作图形的融合效果；使用文字工具和添加图层样式按钮为文字添加特殊效果；使用变换命令、添加图层蒙版命令和渐变工具制作包装立体效果。

12.7 网页设计——制作宠物医院网页

12.7.1 【项目背景及要求】

1．客户名称

贴心宠物之家

2．客户需求

贴心宠物之家是一家专门为宠物提供宠物用品零售、宠物美容、宠物寄养和宠物活体销售的场所，店内内容丰富，服务周到，得到广泛认可，目前公司为提高知名度，需要制作网站，网站设计要求围绕主题，表现贴心宠物之家的特色。

3．设计要求

（1）网页风格要求温馨可爱，内容丰富。

（2）网页设计形式多样，在细节的处理上要求细致独特。

（3）重点宣传本店特色，层次分明，画面热闹，具有吸引力。

（4）导航栏的设计要直观简洁，色彩丰富，搭配合理。

（5）设计规格均为 1000px（宽）× 728px（高），分辨率为 72 dpi。

12.7.2 【项目创意及流程】

1．素材资源

图片素材所在位置：光盘中的"Ch12 > 素材 > 制作宠物医院网页 > 01~13"。

文字素材所在位置：光盘中的"Ch12 > 素材 > 制作宠物医院网页 > 文字文档"。

2．设计流程

背景图　　　制作导航栏　　　添加装饰图形　　　最终效果

3．制作要点

使用椭圆工具、投影命令和描边命令制作导航栏；使用椭圆工具绘制云朵形状；使用文字工具和创建文字变形命令制作绕排文字。

12.7.3 【案例制作及步骤】

（1）按 Ctrl+O 组合键，打开光盘中的"Ch12 > 素材 > 制作宠物医院网页 > 01"文件，如图 12-324 所示。

（2）新建图层组并将其命名为"01"。将前景色设为白色。选择"椭圆"工具 ◉，在属性栏中的"选择工具模式"选项中选择"形状图层"，按住 Shift 键的同时，在图像窗口中绘制一个圆形，效果如图 12-325 所示，在"图层"控制面板中生成"形状 1"图层。

图 12-324　　　　　　　图 12-325

（3）按 Ctrl+O 组合键，打开光盘中的"Ch12 > 素材 > 制作宠物医院网页 > 02"文件，选择"移动"工具 ▸⊹，将图片拖曳到图像窗口中的适当位置，效果如图 12-326 所示，在"图层"控制面板中生成新的图层并将其命名为"照片 1"。在控制面板上方将该图层的"不透明度"选项设为 50%，效果如图 12-327 所示。

图 12-326　　　　　　　图 12-327

（4）按 Ctrl+T 组合键，在图像周围出现控制手柄时，拖曳鼠标调整图片的大小及位置，按 Enter 键确定操作，效果如图 12-328 所示。在"图层"控制面板上方，将该图层的"不透明度"选项设为 100%。按住 Alt 键的同时，将鼠标放在"形状 1"图层和"照片 1"图层的中间，当光标变为 ↓□ 时，单击鼠标，创建图层的剪切蒙版，效果如图 12-329 所示。

图 12-328　　　　　　　图 12-329

（5）选择"形状 1"图层。单击"图层"控制面板下方的"添加图层样式"按钮 fx，在弹出的菜单中选择"投影"命令，弹出对话框，将投影颜色设为灰色（其 R、G、B 的值分别为 102、102、102），其他选项的设置如图 12-330 所示。单击"描边"选项，切换到相应的对话框，将描边颜色设为白色，其他选项的设置如图 12-331 所示，单击"确定"按钮，效果如图 12-332 所示。

（6）选择"横排文字"工具 T，在适当的位置输入需要的文字，选取文字，在属性栏中选择合适的字体并设置文字大小，效果如图 12-333 所示。

图 12-330

图 12-331

图 12-332

图 12-333

（7）选择"横排文字"工具 T，选取需要的文字，填充文字为红色（其 R、G、B 的值分别为 204、51、0），取消文字选取状态，效果如图 12-334 所示。单击属性栏中的"创建文字变形"按钮 $\mathcal{I}$，弹出"变形文字"对话框，选项的设置如图 12-335 所示，单击"确定"按钮。选择"移动"工具 $\blacktriangleright_+$，将文字拖曳到适当的位置，效果如图 12-336 所示。

图 12-334

图 12-335

图 12-336

（8）单击"图层"控制面板下方的"添加图层样式"按钮 fx，在弹出的菜单中选择"描边"命令，弹出对话框，将描边颜色设为白色，其他选项的设置如图 12-337 所示，单击"确定"按钮，效果如图 12-338 所示。

图 12-337	图 12-338

（9）用相同的方法打开 03、04、05 和 06 图片，制作出的效果如图 12-339 所示。在"图层"控制面板中，选中"05"图层组，按住 Shift 键的同时，单击"01"图层组，将除"背景"图层外的所有图层组同时选取，按 Ctrl+G 组合键，将其编组并命名为"小狗图片"，如图 12-340 所示。

图 12-339	图 12-340

（10）按 Ctrl+O 组合键，打开光盘中的"Ch12 > 素材 > 制作宠物医院网页 > 07"文件，选择"移动"工具 ，将 07 图片拖曳到图像窗口中的适当位置并调整其大小，效果如图 12-341 所示，在"图层"控制面板中生成新的图层并将其命名为"热线电话"。

（11）选择"横排文字"工具 ，分别在适当的位置输入需要的文字，选取文字，在属性栏中分别选择合适的字体并设置文字大小，效果如图 12-342 所示。

图 12-341	图 12-342

（12）新建图层并将其命名为"虚线框"。选择"矩形"工具 ，在图像窗口中绘制一个矩形路径，效果如图 12-343 所示。选择"钢笔"工具 ，在图像窗口中的适当位置绘制多条直线路径，效果如图 12-344 所示。

图 12-343　　　　　　　　　　　　　　图 12-344

（13）选择"画笔"工具 ，单击属性栏中的"切换画笔面板"按钮 ，弹出"画笔"选择面板，选择"画笔笔尖形状"选项，弹出"画笔笔尖形状"面板，选择需要的画笔形状，其他选项的设置如图 12-345 所示。选择"路径选择"工具 ，将所有路径全部选中。在图像窗口中单击鼠标右键，在弹出的菜单中选择"描边路径"，弹出"描边路径"对话框，设置如图 12-346 所示，单击"确定"按钮。按 Enter 键，隐藏路径，效果如图 12-347 所示。

图 12-345　　　　　　　　　图 12-346　　　　　　　　　图 12-347

（14）按 Ctrl+O 组合键，打开光盘中的"Ch12 > 素材 > 制作宠物医院网页 > 08、09、10、11、12"文件，选择"移动"工具 ，分别将素材图片拖曳到图像窗口中的适当位置并调整其大小，效果如图 12-348 所示，在"图层"控制面板中生成新的图层。

（15）选择"横排文字"工具 ，分别在适当的位置输入需要的文字，选取文字并在属性栏中选择合适的字体和文字大小，适当调整文字间距，分别填充文字为蓝色（其 R、G、B 的值分别为 0、102、204）、黑色和土黄色（其 R、G、B 的值分别为 153、102、0），效果如图 12-349 所示。用相同的方法添加其他说明文字，效果如图 12-350 所示。

图 12-348　　　　　　　　　　　　　　图 12-349

图 12-350

（16）按 Ctrl+O 组合键，打开光盘中的"Ch12 > 素材 > 制作宠物医院网页 > 13"文件，选择"移动"工具 ，将素材图片拖曳到图像窗口中的适当位置并调整其大小，效果如图 12-351 所示，在图层控制面板中生成新的图层并将其命名为"箭头"。

（17）在"图层"控制面板中，按住 Shift 键的同时，单击"Pet shop"文字图层，将两个图层之间的所有图层同时选取，按 Ctrl+G 组合键，将其编组并命名为"宠物商店"。

（18）选择"横排文字"工具 ，在适当的位置输入需要的文字，选取文字，在属性栏中选择合适的字体和大小，填充文字为白色，效果如图 12-352 所示。至此，宠物医院网页制作完成，效果如图 12-353 所示。

图 12-351   图 12-352   图 12-353

课堂练习 1——制作婚纱摄影网页

练习 1.1 【项目背景及要求】

1. 客户名称
爱惜婚纱摄影

2. 客户需求
爱惜婚纱摄影是一家专门经营婚纱摄影的摄影品牌，一直以来爱惜婚纱摄影以其专业的技术，体贴的服务得到顾客的一致好评，目前公司需要制作公司网站，目的是为了扩大业务提高公司的知名度，网站的设计要求能够体现公司特色。

3. 设计要求
（1）网页设计首先要求围绕网站特色，温馨幸福的主题能够在网页上充分体现。

（2）网页的页面内容丰富，分类明确细致，便于用户浏览搜索。

（3）网页的主题颜色以丰富的色彩进行搭配设计，增强网页质感。

（4）设计具有时代感、现代风格和独特新颖。

（5）设计规格均为 1000px（宽）× 800px（高），分辨率为 72 dpi。

练习 1.2 【项目创意及制作】

1．素材资源
图片素材所在位置：光盘中的"Ch12 > 素材 > 制作婚纱摄影网页 > 01~08"。
文字素材所在位置：光盘中的"Ch12 > 素材 > 制作婚纱摄影网页 > 文字文档"。

2．作品参考
设计作品参考效果所在位置：光盘中的"Ch12 > 效果 > 制作婚纱摄影网页.psd"，效果如图 12-354 所示。

图 12-354

3．制作要点
使用自定形状工具、描边命令制作标志图形；使用文字工具添加导航条及其他相关信息；使用移动工具添加素材图片；使用添加图层样式按钮为文字制作文字叠加效果；使用旋转命令旋转文字和图片；使用矩形工具、创建剪切蒙版命令制作图片融合效果；使用去色命令、不透明度选项调整图片色调。

课堂练习2——制作电子产品网页

练习 2.1 【项目背景及要求】

1．客户名称
环势购物网站

2．客户需求
环势购物网站是一家覆盖手机数码、电脑电视、传统家电、3C 电器和日用百货等品类的电子销售平台。网站以销售电子类产品为主，目前网站需要更新其网站，需要重新设计网站页面，设计要求体现网站特色。

3．设计要求
（1）网页设计要求清新自然，画面干净清爽。

（2）网页画面背景以渐变的蓝色为主，能够衬托产品，并体现画面质感。

（3）网页设计色彩搭配丰富，画面亮丽，具有青春时尚之感。

（4）网页设计主题信息明确，使用户能够快速直接的接收到产品信息。

（5）设计规格均为 1000px（宽）× 800px（高），分辨率为 72 dpi。

练习 2.2 【项目创意及制作】

1. 素材资源

图片素材所在位置：光盘中的"Ch12 > 素材 > 制作电子产品网页 > 01~10"。

文字素材所在位置：光盘中的"Ch12 > 素材 > 制作电子产品网页 > 文字文档"。

2. 作品参考

设计作品参考效果所在位置：光盘中的"Ch12 > 效果 > 制作电子产品网页.psd"，效果如图 12-355 所示。

图 12-355

3. 制作要点

使用混合模式选项和不透明度选项添加图片叠加效果；使用圆角矩形工具、添加锚点工具和直接选择工具绘制装饰图形；使用多种图层样式添加立体效果；使用画笔工具绘制虚线。

课后习题 1——制作科技网页

习题 1.1 【项目背景及要求】

1. 客户名称

环扣科技

2. 客户需求

环扣科技是一家从事信息技术、电子产品和机械设备等领域内的技术开发、技术咨询和技术服务的科技公司，目前公司想要制作个人网站，网站设计要求厚重沉稳，设计精美，能够体现企业的高端品质。

3．设计要求

（1）设计风格要求高端大气，制作精良。

（2）要求网页设计使用蓝色渐变的背景，用深沉的色彩表现出画面质感。

（3）网站设计围绕科技感进行设计搭配，分类明确细致。

（4）整体风格沉稳大气，表现出企业的文化内涵。

（5）设计规格均为 1258px（宽）× 800px（高），分辨率为 72 dpi。

习题 1.2 【项目创意及制作】

1．素材资源

图片素材所在位置：光盘中的"Ch12 > 素材 > 制作科技网页 > 01~07"。

文字素材所在位置：光盘中的"Ch12 > 素材 > 制作科技网页 > 文字文档"。

2．作品参考

设计作品参考效果所在位置：光盘中的"Ch12 > 效果 > 制作科技网页.psd"，效果如图 12-356 所示。

图 12-356

3．制作要点

使用圆角矩形工具、添加图层样式按钮制作底图图形；使用添加图层样式命令为图片添加描边效果；使用自定形状工具和钢笔工具绘制装饰图形。

课后习题 2——制作写真模板网页

习题 2.1 【项目背景及要求】

1．客户名称

傲多特摄影

2．客户需求

傲多特摄影是一家专业的摄影公司，公司目前想要扩大影响力，提高公司的知名度，想要在网站中为大家提供摄影模板，特此需重新制作网站，网站设计要求体现摄影公司浪漫温馨的感觉。

3．设计要求

（1）网站的设计以浪漫甜蜜为主题。

（2）内容丰富，且富有变化，注重细节的修饰搭配。

（3）网站的色彩以粉色调为主，能够突出网站主题，并快速吸引顾客的注意。

（4）导航栏的设计简洁美观，并且能够方便顾客浏览。

（5）设计规格均为 1000px（宽）× 800px（高），分辨率为 72 dpi。

习题 2.2　【项目创意及制作】

1．素材资源

图片素材所在位置：光盘中的"Ch12 > 素材 > 制作写真模板网页 > 01~10"。

文字素材所在位置：光盘中的"Ch12 > 素材 > 制作写真模板网页 > 文字文档"。

2．作品参考

设计作品参考效果所在位置：光盘中的"Ch12 > 效果 > 制作写真模板网页.psd"，效果如图 12-357 所示。

图 12-357

3．制作要点

使用渐变工具、染色玻璃滤镜命令制作背景效果；使用圆角矩形工具、创建剪切蒙版命令制作图片剪切效果；使用添加图层样式按钮为图片和文字特殊效果。